Clemens G. Arvay

FRISS ODER STIRB

Clemens G. Arvay

FRISS ODER STIRB

Wie wir den Machthunger der Lebensmittelkonzerne brechen und uns besser ernähren können

ecowin

Clemens G. Arvay
Friss oder stirb
Wie wir den Machthunger
der Lebensmittelkonzerne brechen
und uns besser ernähren können

FSC
www.fsc.org
MIX
Papier aus verantwortungsvollen Quellen
FSC® C012536

Das für dieses Buch verwendete FSC-zertifizierte Papier
EOS lieferte Salzer, St. Pölten.

1. Auflage

Lektorat: Dr. Arnold Klaffenböck
Rechtliche Beratung: LANSKY, GANZGER + partner
Coverbild: Andrea Maria Dusl
Gesamtherstellung: www.theiss.at
Gesetzt aus der Sabon
Printed in Austria
ISBN 978-3-7110-0030-9

1 2 3 4 5 6 7 8 / 15 14 13

www.ecowin.at

Inhaltsverzeichnis

Vorwort

Es geht (anscheinend) voran: Im Jahr 2012 griffen deutsche Verbraucherinnen und Verbraucher häufiger zu Bioprodukten als je zuvor. Der gesamte Bio-Umsatz in Deutschland hat mittlerweile die Sieben-Milliarden-Euro-Marke übersprungen und einen Marktanteil von 3,9 Prozent erreicht. In Österreich sind es circa 6 Prozent und in der Schweiz etwas mehr als 4 Prozent. Auch allgemein scheint der Verbraucher aufgeklärter und bewusster geworden zu sein: Gemäß dem Trend sind vor allem Handelsmarken gefragt, die Premium-, Bio- oder Regionalprodukte anbieten, zulasten der bislang expandierenden Discounter-Szene. Stehen wir womöglich vor einer Trendwende in der Landwirtschaft oder trügt der Schein?

Angesichts der rund 60 Milliarden Euro an Subventionen, die die Europäische Union allein in diesem Jahr in die Landwirtschaft stecken wird (knapp 40 Prozent des gesamten EU-Haushalts), ist eine Umverteilung hin zur Förderung ökologischer und kleinbäuerlicher Ansätze mehr als überfällig. Eine entsprechende Initiative des zuständigen EU-Kommissars zur EU-Agrarreform lässt hoffen. Er will Europas Bauern zwingen, wenigstens ein Mindestmaß an Klima- und Umweltauflagen zu erfüllen und sieben Prozent des Ackerlandes zu „ökologischen Vorrangflächen“ erklären, auf denen Gentechnik und Pestizide nichts zu suchen haben. Aber er hat die Rechnung ohne die mächtige – insbesondere deutsche – Agrarlobby der Lebensmittelkonzerne, Bauernverbände und der Chemieindustrie gemacht. Denen geht es nämlich vor allem um maximalen Profit. Sie wollen keine ernsthafte Reform, täuschen Aufgeschlossenheit vor und schmücken sich gern mit dem „grünen Mäntelchen“. Bio ist dabei nichts weiter als eine Marktnische, die es mitzunehmen gilt.

Was und wer verbirgt sich tatsächlich hinter dem Bio-Boom? Diese Frage wird viel zu selten gestellt und ehrlich beantwortet. Der Agrarbiologe Clemens G. Arvay blickt als einer der wenigen in diesem Thema arbeitenden Journalisten hinter die Kulissen und schaut sich vor Ort in den Hühnerställen und Fleischfabriken genauer um. Gerade in seinen unter die Haut gehenden Berichten und in seinen Interviews mit Insiderinnen und Insidern aus der Lebensmittelbranche und der Landwirtschaft liegen die Stärken des vorliegenden Buches. Er berichtet aus erster Hand von Zuständen in der „Bio“-Industrie, die er auf einer elfwöchigen Reise quer durch Europa aufgedeckt hat. Und er führt uns vor Augen, dass der Öko-Boom eben nicht von ernsthaften ökologischen Vorreitern, sondern zu einem überwiegenden Teil von der konventionellen Industrie und dem konventionellen Handel bedient und genutzt wird, was zur sogenannten „Konventionalisierung des Biolandbaus“ geführt hat. Vom ethischen Umgang mit Lebewesen oder einem ökologischen Kreislaufgedanken bleibt wenig übrig. Stattdessen stößt Arvay auf irreführende Werbung und systematische Fehlinformation der Konsumentinnen und Konsumenten. Der sich „ursprünglich“ nennende Handel, so deckt er auf, schwindelt sich die Wirklichkeit zu Werbezwecken zurecht, indem er sogar „Bürgen“ für regionale Produkte vorführt, die selbst nichts davon wissen.

Aber es geht auch anders: Im zweiten Teil des Buches trifft Arvay bei seiner Reise auf viele echte ökologische Vorreiter und Praktiker einer bewusst kleinstrukturierten Landwirtschaft, die alte und robuste Obst- und Gemüsesorten pflegen, solidarische und dezentrale Verteilungs- und Beschäftigungsbeispiele leben und eine tatsächlich nachhaltige Form der Landwirtschaft propagieren. Nur durch das bewusste Umdenken und Handeln eines aufgeklärten Verbrauchers und einer aufgeklärten Verbraucherin lässt sich die Macht der Lebensmittelkonzerne brechen, so das Plädoyer Arvays. Und nur eine kleinstrukturierte bäuerliche Landwirtschaft ist weltweit in der Lage, nachhaltig die Ernährung von Milliarden Menschen sicherzustellen.

Das Buch von Clemens G. Arvay öffnet die Augen.

Stefan Kreutzberger,
Investigativjournalist und Autor von „Die Öko-Lüge“
und „Die Essensvernichter“

Leserhinweis:

Beim Verfassen des vorliegenden Buches wurde auf geschlechtsneutrale Formulierungen geachtet. Da Sachtexte ein besonders hohes Maß an Übersichtlichkeit und Lesbarkeit beanspruchen, konnte diesem Vorsatz jedoch nicht immer Folge geleistet werden. Sofern es aus dem Kontext nicht anders hervorgeht, sind stets Frauen wie Männer gleichermaßen gemeint und angesprochen.

I. Elf Wochen als Nomade in einer Welt der Dualität

Aufbruch

Im August 2012 bereitete ich mich auf eine Reise vor. Ich erntete aus meinem Garten alles, was dieser hergab, und lagerte das Gemüse ein. Einen Teil der Erdenfrüchte verarbeitete ich zu haltbaren Konserven, zu Gewürzgurken und Tomatensaucen, Chutneys aus Zucchini und Kürbis, Pickles aus Paprika, Auberginen und Bohnen. Auf meinem Acker säte ich *Phacelia tanacetifolia*, die Rainfarn-Phazelie, die seit dem frühen 19. Jahrhundert kultiviert wird. Umgangssprachlich ist die Pflanze auch als „Büschelschön“ oder „Bienenfreund“ bekannt. Die beiden wohlklingenden Namen verdankt das Raublattgewächs seinen buschigen, violetten Blütenständen, die von Bienen mit Vorliebe besucht werden. Der Bienenfreund würde sich während meiner Abwesenheit bis in den Herbst hinein auf dem Acker ausbreiten, um mit seinem dicht verzweigten Wurzelsystem das Erdreich zu lockern und die Bodenstruktur zu verbessern. Es handelte sich um Gründüngung: Im Herbst würde ich die Pflanzen wieder in den Boden einarbeiten und so zum Aufbau des nahrhaften Humus beitragen.

Ich packte meinen Rucksack und brachte ihn gemeinsam mit der Film- und der Fotokamera in meinen Wagen. Da ich „nomadisch“ unterwegs sein wollte, gestaltete ich den hinteren Teil des alten, kastenförmigen Geländeautos zu einer Schlafkoje um. Das gab mir die Freiheit, völlig unabhängig und ohne die allabendliche Sorge um eine Unterkunft in die Fremde zu fahren.

Die feurige Sonne des Augusts glühte im tiefblauen, wolkenlosen Himmelszelt, als ich einen letzten Streifzug durch meinen

Garten unternahm. Ich ließ mich von den warmen, energiegeladenen Sonnenstrahlen durchfluten und wusste, dass nach meiner Rückkehr nichts mehr sein würde, wie es war. Von den jetzt so saftig grünen, unbändig emporwachsenden und rankenden Gewächsen und ihren Früchten würde ich in jenem Jahr nicht mehr viel sehen – vielleicht noch die vertrockneten Stängel der kräftigen Moschuskürbispflanzen, die braunen Skelette der Stangenbohnen und der aztekischen Maispflanzen sowie die zu Grau verblassten, mächtigen Blütenstände der umgefallenen Sonnenblumen oder ein paar liegen gebliebene Früchte, aus denen schon die Samen herausquellen. Es war aber ein gutes Gefühl, zu wissen, dass meine Nachbarn sich reichlich an der Ernte bedienen und meine Kürbisse zur richtigen Zeit einlagern würden. Ich verließ mein Dorf im Hochsommer und würde erst wieder zurück sein, wenn der Herbst längst über das Land hereingebrochen war. Elf Wochen Abenteuer lagen vor mir – elf Wochen als Nomade in Europa.

Brief an meine Nachbarn vom 20. August 2012

Es ist so weit: Innerhalb der nächsten Tage werde ich abreisen. Ich werde Bäuerinnen und Bauern in verschiedenen europäischen Ländern besuchen und mir zahlreiche Initiativen und Projekte ansehen, bei denen es um eine sinnvolle, zukunftsfähige Produktion und Verteilung unserer Lebensmittel geht.
Nach dem Erscheinen meines letzten Buches „Der große Bio-Schmäh – Wie uns die Lebensmittelkonzerne an der Nase herumführen“[1] erreichten mich monatelang zahlreiche Anfragen von Leserinnen und Lesern, die sich das falsche Spiel der Supermärkte und

1 Arvay Clemens G., Der große Bio-Schmäh – Wie uns die Lebensmittelkonzerne an der Nase herumführen, Verlag Carl Ueberreuter, Wien, 2012 (Anm.: „Schmäh“ ist ein österreichischer Begriff für „Bluff“.)

Discounter nicht mehr bieten lassen möchten. Ich werde am laufenden Band gefragt, was man denn tun könne, um die Macht der Lebensmittelkonzerne zu brechen und sich vernünftiger zu ernähren. Und die Frage „Was kann man überhaupt noch kaufen?“ hörte ich sehr oft. Ein Mann schrieb mir in einer E-Mail, es fühle sich für ihn an wie „friss oder stirb!“, *wenn er sich vor den Regalen der Supermärkte für ein Produkt entscheiden müsse.*

Das ist eben das Problem, wenn Landwirtschaft und Lebensmittelproduktion als reiner Kommerz betrieben werden, wo sie doch viel mehr sind. Die Landwirtschaft ist als Jahrtausende altes Kulturerbe die Grundlage jeder menschlichen Gesellschaft, und Nahrung ist die Voraussetzung für Leben überhaupt. Der allgemeine Zeitgeist des gnadenlosen wirtschaftlichen Wachstums, des Konkurrenzdenkens und der Dominanz des Profitstrebens in allen Lebensbereichen hat in die Landwirtschaft ebenso dramatisch Einzug gehalten wie überall sonst. Gibt es wirklich keine Alternativen zu grausamer Massentierhaltung und hoch industriellen Schlachtungsmethoden? Zu sinnloser Überschussproduktion und unfassbarer Lebensmittelvernichtung? Zu außer Rand und Band geratenen Warenflüssen und globaler Ungleichverteilung unserer Nahrung? Sollen wir die Ausbeutung von Mensch und Umwelt sowie die Erschaffung des falschen Scheins durch Werbung und PR wirklich hinnehmen und sogar akzeptieren, dass selbst „Bio“ heute oft nichts anderes mehr ist als ein gigantischer Bluff gegenüber den Verbrauchern?

Ich bin überzeugt davon, dass es auch anders geht. Ich mache mich nun auf, Antworten zu suchen und Ideen für konstruktive Lösungen zu finden. Ich werde durch ganz Deutschland, durch Österreich und die Schweiz reisen und mein Weg wird mich bis nach Großbritannien führen. Der entfernteste Punkt, den ich erreichen werde, liegt an der Küste von West-Wales. Dort gibt es zahlreiche Farmen, auf denen schon seit den 1970er-Jahren ökologisch gearbeitet wird – das sind echte Bio-Pioniere, die ihren Werten bis heute treu geblieben sind. Der wilden, mit Ginsterbüschen bewachsenen Küste von Wales, wo ich auch Freunde besuchen werde, fiebere ich regelrecht entgegen.

Natürlich werde ich auch diesmal wieder hinter die Kulissen der europäischen Lebensmittelindustrie blicken, um zu berichten, was sich dort so alles hinter den wohlklingenden Werbeversprechen und vor allem unter dem grünen „Bio-Mäntelchen“ verbirgt.
Seid doch so nett und seht in den nächsten Wochen ein wenig nach meinem Garten und dem Haus. Erntet, so viel ihr wollt, hebt mir aber bitte ein paar Kürbisse auf!

In einer Welt der Dualität

Einer der Ersten, der mir auf meiner Reise seine Gastfreundschaft schenkte, war Dr. Wolf-Dieter Storl. [Abb. 1] Der promovierte Ethnobotaniker und Kulturanthropologe lebt in den Bergen im Allgäu, wo ich ihn und seine Familie besuchte. In den Medien wurde der Autor zahlreicher Bücher als „Der Schamane aus dem Allgäu“ bekannt. Um das Haus der Storls zu erreichen, fuhr ich eine entlegene Forststraße entlang, die mich in Serpentinen den Berg hinauf führte. Nebelschwaden begleiteten mich. Sie durchzogen den ausgedehnten Wald.

Aus dem bläulichen Dunst tauchte ein mehrere hundert Jahre altes Haus auf, das – wie ich noch erfahren sollte – in einer ruhigen Phase des Dreißigjährigen Krieges von seinem damaligen Besitzer detailverliebt renoviert worden war. In der Eingangstüre wartete Christine Storl bereits auf mich und empfing mich warmherzig. Der mächtige alte Holzofen in der Stube faszinierte mich – auch er hatte mehrere hundert Jahre auf seinem gusseisernen Buckel. Umgeben von Kräutern, die zum Trocknen von der Decke herabhingen, fanden wir bei einem Glas Malzbier, das ganz in der Nähe gebraut worden war, rasch ein unerschöpfliches Gesprächsthema, das Wolf-Dieter Storl ebenso faszinierte wie mich selbst: alte Kulturpflanzensorten in Landwirtschaft und Garten. Üblicherweise nähere ich mich diesem Thema von der biowissenschaftlichen und der praktischen Seite. An diesem Abend brachte mir der Kräuterkundige aus dem Allgäu einen weiteren Zugang näher. Er erzählte über traditionelle symbolische Bedeutungen verschiedener Nutzpflanzen, die die Menschheit seit Jahrtausenden begleiten, und auch über Heilwirkungen der Acker- und Gartengewächse. Die Wurzelpetersilie, so erfuhr ich, die bereits auf eine lange Geschichte ihrer Kultivierung für den menschlichen Gebrauch zurückblickt, stand in der griechischen Mythologie symbolisch für Tod und Wiederauferstehung sowie für die Zeugungskraft des Mannes. Die Petersilie wurde daher als Grabschmuck verwendet. „Aber sie stand auch für die Überwindung des Chaotischen und den Sieg des Lebendigen“, ließ mich Wolf-Dieter Storl an seinem kulturhistorischen Wissen teilhaben. Über die Gurke lernte ich, dass ihre Samen als Wurmmittel Verwendung finden, und dass sie beispielsweise zur Blutreinigung und zur Ausleitung von Giften eingesetzt wird. Symbolisch steht die Gurke, die übrigens zu den Kürbisgewächsen zählt und deren Frucht in der Botanik den Beeren zugerechnet wird, für Ausgelassenheit sowie Fruchtbarkeit.

Am nächsten Morgen, nach erholsamem Schlaf und kurz nach Sonnenaufgang, gingen wir gemeinsam in den Garten. „Ich habe den Beruf des Biogärtners gelernt“, überraschte mich Wolf-Dieter Storl. „Unseren Garten habe ich für die Selbstversorgung angelegt. Es gelingt uns jedes Jahr, das Gemüse, das wir brauchen, und auch einen Teil des Obstes selbst anzubauen.“ Ich war außerordentlich erfreut darüber, dass sich unser Gespräch auf ganz natürliche Weise in die Richtung des Themas „Lebensmittel“ bewegte, das auch mich beschäftigte.

Auf dem Weg in den Garten kamen wir an einer Stelle vorbei, die dicht mit Karden bewachsen war. Das Kraut, unter Botanikerinnen und Botanikern als *Dipsacus fullonum* bekannt, streckte seine stacheligen Stängel mannshoch gegen den Himmel, an deren Spitzen die bereits vertrockneten, kopfförmigen Blütenstände saßen, die botanisch einer Ähre entsprechen. „Die Karde hat mich vor einigen Jahren von der Borreliose geheilt“, erinnerte sich der Pflanzenfreund Storl zurück und deutete dabei auf die buschigen Gewächse. Dass die Karde tatsächlich gegen diese bakterielle Erkrankung wirkt, wird von Ärztinnen und Ärzten angezweifelt. Wolf-Dieter Storls Begeisterung für diese Pflanze blieb davon aber unberührt: „Seit sie mich geheilt hat“, sagte er, „gedeiht sie hier in meinem Garten.“ Aus dieser Beobachtung zog er einen äußerst bemerkenswerten Schluss: „Der Geist der Pflanze entschied sich, bei mir zu bleiben, nachdem er mich gesund gemacht hatte.“ Obwohl ich mir als Biologe eine andere Erklärung für das Auftauchen der Karde im Storlschen Garten zurechtgelegt hatte, empfand ich die ungewöhnliche Deutungsweise als willkommene Gelegenheit, die Welt an jenem Morgen für ein paar Momente mit anderen Augen zu sehen.

Wir spazierten ein wenig im Garten umher. Zwischen knorrigen Apfelbäumen und hoch gewachsenen Stangenbohnen mit dichtem, dunkelgrünem Blätterkleid und wulstigen, langen Hülsen stieß ich auf allerlei Gemüsepflanzen und Beerensträucher. Am Rand des Gartens wucherten Heilkräuter mit unterschiedlichsten Blütenfarben und Wuchsformen. Dort, vor den dichten Reihen von Arzneipflanzen, vertieften wir uns schließlich in ein Gespräch, während sich die frühmorgendlichen Nebelschwaden, in die wir getaucht waren, langsam zu schwebenden, bläulichgrauen Fetzen zerteilten. Eine der Fragen, die ich dem Allgäuer Pflanzenkundigen stellte, lag mir besonders am Herzen. Von ihm als jemandem, der sich in seinem Leben intensiv mit philosophischen Fragen auseinandergesetzt hatte, wollte ich wissen, was er über das Berichten von Negativem in unserer Welt zu sagen hatte. Ich ahnte schon, dass meine bevorstehenden Besuche in der europäischen Lebensmittelindustrie – wie bereits in meinen vergangenen Recherchen – nicht allzu viel Erfreuliches mit sich bringen würden. Von einem war ich allerdings überzeugt: Wenn ich über konstruktive Lösungen für unsere in die Krise geratene Landwirtschaft und Lebensmittelversorgung berichten wollte, dann musste ich auch darüber schreiben, was meines Erachtens derzeit alles schiefläuft. Denn um Lösungen zu finden, müssen wir zuerst die Probleme kennen.

Ich war gespannt darauf, zu erfahren, welchen Stellenwert mein Gesprächspartner dem Aufdecken von Missständen zusprechen würde. Also fragte ich ihn danach.

Clemens G. Arvay: Ist es aus Deiner Sicht legitim, den Konsumentinnen und Konsumenten einen Blick hinter die werbestrategischen Kulissen der Lebensmittelkonzerne zu ermöglichen, auch wenn das, was dabei zum Vorschein kommt, für manche schwer zu verdauen sein mag? Oder muss man sich dann den Vorwurf gefallen lassen, sich im Negativen zu verfangen?

Wolf-Dieter Storl: Ich würde sagen, dass ein Arzt genau ansehen muss, was dem Kranken fehlt. Er muss in die Wunde schauen, damit geheilt werden kann. Und genauso ist es auch in gesellschaftlichen Prozessen. Die Probleme wahrzunehmen ist nichts Negatives. Im Gegenteil: Alles andere wäre reine Schöngeisterei und sogar gefährlich. Sich nur mit dem Positiven zu beschäftigen ist im Grunde selbst wieder negativ, wenn man so blind durchs Leben läuft und immer nur das Schöne sehen will. Ich kannte eine Frau: Nachdem ein riesengroßes Stück Wald in den Bergen dem Erdboden gleichgemacht wurde, meinte sie: „Ich schaue da lieber gar nicht hin, ich möchte nur das Positive sehen." Ich hingegen schaute hin. Und ja, es war tatsächlich schrecklich. Aber nach einer Weile, da fing das Leben dort in der Grube wieder an. Und es wuchsen die Pionierpflanzen und auf einmal waren Pfützen da und Frösche und so weiter. Positiv und Negativ sind ja keine starren Gegensätze. Wir leben in einer Welt, in der diese Spannungen und diese Dualitäten nun einmal stattfinden.

Ich kramte in meiner Tasche und zog ein paar Fotos heraus. Es waren Aufnahmen von Legehennen in Deutschland, Österreich und Großbritannien. Die Bilder hatte ich selbst angefertigt und sie waren topaktuell. Sie zeigten dicht gedrängte Hennen in einer mit künstlichem Rotlicht beleuchteten Halle sowie Aufnahmen von Junghennen. [Abb. 2]

Auf den ersten Blick fand Wolf-Dieter Storl die Bilder nicht überraschend. „Man kennt ja diese schrecklichen Zustände in der Massentierhaltung“. Doch dann legte ich nach. „Das sind allesamt Aufnahmen von *Bio-Hennen*“, erklärte ich. Das, was zu sehen war, entsprach den EU-Richtlinien für die biologische Landwirtschaft. Die gezeigten Betriebe waren sogar Mitglieder bei Bio-Verbänden, die sich im Marketing für besonders hohe Standards rühmen.

Nachdem ich Storl verraten hatte, dass es sich um Bio-Hennen handelte, war der schamanische Biogärtner dann doch überrascht.

Clemens G. Arvay: Was geht Dir durch den Kopf, wenn Du solche Fotos siehst und erfährst, dass es sich um biologische Tierhaltung handelt?

Wolf-Dieter Storl: Wir bauen hier zwar unser eigenes Gemüse an, aber Eier, Milch und so weiter, das müssen wir alles im Geschäft kaufen. Wir sind einfach zu wenige hier oben, um Tiere zu halten. Und dann kaufen wir fast nur Bio-Produkte und man freut sich, dass es jetzt in beinahe allen Supermärkten Bio gibt. Aber wie diese Bio-Produktion aussieht, das weiß man gar nicht. Und dass es dort inzwischen schon fast so schlimm ist wie in der konventionellen Landwirtschaft, das erträumt man sich nicht einmal. Wenn die Unterschiede zwischen Bio und Konventionell im Wesentlichen nur mehr die Futtermittel und Betriebsmittel betreffen, dann ist das zu wenig. Tiere müssen artgerecht behandelt werden, damit sie gesund sind und sich wohlfühlen. Und das kann nicht geschehen, wenn ich sehe, dass auch Bio-Hühner im Stall zu *sechs Stück pro Quadratmeter* gehalten werden. Tiere haben doch eine Würde! Wenn man ihnen diese Würde abspricht, dann leidet darunter auch die Menschenwürde: Wer macht denn so etwas überhaupt?

Clemens G. Arvay: Das ist eine gute Frage. Ich würde sagen, es sind die Supermarkt- und Diskontkonzerne, die so etwas machen oder verursachen. Denn unter ihren Vorgaben kann kaum mehr anders gewirtschaftet werden als über große Mengen und massenhafte Warenflüsse, die auf möglichst wenigen Standorten produziert und gebündelt werden. Das ist dann eben auch bei „Bio im Supermarkt“ so.

Wolf-Dieter Storl: Es wird ja auch immer behauptet, man könne die riesigen Menschenmassen anders gar nicht mehr ernähren. Aber das stimmt nicht. Es gibt zahlreiche Studien, die ich gelesen habe und die sagen … nein, was heißt da „die sagen“? Ich *weiß* es ja selber aus meiner Erfahrung als Biogärtner, dass in der kleinteiligen Landwirtschaft am effizientesten gewirtschaftet wird. Es ist zwar arbeitsintensiv, aber das ist ja nicht schlimm. Ich finde es noch bedenklicher, dass Menschen herumsitzen und arbeitslos sind, nicht wissen, was sie tun sollen und womöglich zu Alkohol greifen oder den ganzen Tag vor dem Fernsehgerät verbringen, anstatt etwas zu schaffen, das ihnen selber wieder Würde gibt.

Clemens G. Arvay: Was können wir tun? Wo krankt unser Lebensmittelsystem und wie können wir es „heilen“?

Wolf-Dieter Storl: Es ist gut, hinzuschauen, denn dann kann man auch die Lösungen finden! Die Frage ist, wie die Lösungen aussehen können. Zentral geplante staatliche Lenkung halte ich nicht für den richtigen Weg. Die Menschen müssen selbst Verantwortung übernehmen, sie müssen vor Ort sein. Die Lösung muss lokal sein. Ich habe es auf meinen Reisen selber erlebt, zum Teil in Indien und viel früher auch in China: Die

> Menschen setzen sich ein, wenn es *ihr* Garten ist, *ihr* Feld oder wenn es *ihre* Kühe sind. Wir brauchen wieder mehr Beziehung zur Landwirtschaft und zu unseren Lebensmitteln, dann ist das nichts Abstraktes mehr.

Schließlich war die Zeit gekommen, unser Gespräch zu beenden, doch mein Abenteuer hatte gerade erst begonnen. Es waren diese Gegensätze, von denen Storl gesprochen hatte, denen ich mich stellen musste: dem Negativen und dem Positiven – der Dualität des Lebens.

Als ich entlang der Serpentinenstraße wieder ins Tal hinunterfuhr, lichtete sich die Nebeldecke über mir und legte die Schönheit der noch regennassen Allgäuer Berge frei. Ich würde in den nächsten Wochen den langsamen Wechsel der Landschaften miterleben, die Übergänge verschiedener Vegetationszonen in Europa. Ich würde Tausende von Kilometern zurücklegen, dabei zahlreiche motivierte und innovative Bäuerinnen und Bauern kennenlernen und neue Bekanntschaften mit Menschen schließen – Projektmitarbeiterinnen, Autoren, Wissenschaftlerinnen –, die sich mit unseren Lebensmitteln beschäftigen. Begleiten Sie mich auf dieser Reise, liebe Leserin und lieber Leser, und lassen Sie sich nicht davon abhalten, mit mir in eine Welt voller Licht und Schatten einzutauchen, in der wir das Negative zur Kenntnis und uns das Positive als Vorbild nehmen können.

II. Aufs Bio-Huhn gekommen

Mecklenburg-Vorpommern, 16. September 2012.

„Darf ich meine Kamera mit in den Stall nehmen und Fotos machen?“

„Ja, dürfen Sie.“

Wir begaben uns ins Auto und fuhren an einem ausgedehnten Stallgebäude vorbei zu einem anderen Stall, in dem ebenfalls Bio-Legehennen lebten. Wir blieben am Straßenrand stehen und stiegen aus.

„Nehmen Sie nur die Kamera mit.“

Ich folgte der Aufforderung und legte meinen Kugelschreiber wieder ins Auto.

„Nur die Kamera, habe ich gesagt!“

Ich blickte auf meinen Körper herab: „Ich habe doch nichts anderes bei mir als meine Kamera.“

„Lassen Sie die Kameratasche hier, ich möchte, dass Sie *nur* Ihre Kamera mit hineinnehmen.“

Ich nahm das Gerät aus der Tasche, legte diese zurück ins Auto und wollte in die Richtung des Stalls gehen.

„So, jetzt können Sie von hier aus ein Foto machen.“

Ich war überrascht: „Von der Straße aus? Da ist doch nichts zu sehen außer ein großes Tor und die Außenwand des Stalls.“

„Von der Straße aus können Sie fotografieren.“

„Sie sagten doch, ich dürfe die Kamera mit in den Stall nehmen.“

„Sie können jetzt von der Straße aus ein Foto machen und dann legen Sie die Kamera wieder zurück in den Wagen.“

„Dann mache ich gar kein Foto. Wieso sollte ich das Einfahrtstor fotografieren?“

Etwas verwirrt durch den Verlauf des Gesprächs, legte ich die Kamera zurück in das Auto. Wir besichtigten den Stall, in dem gemäß den Richtlinien der EU tausende Bio-Hennen ihre Bio-Eier legten. Es gab keine besonderen Vorkommnisse oder Anomalien im Stall. Wie ich später herausfinden sollte, fasste dieser Betriebsstandort üblicherweise 24.000 Bio-Hennen. Er war also zu dieser Zeit mit nur 18.000 unterbesetzt.

Ich fragte mich, weshalb wir ausgerechnet zu diesem Standort gefahren waren.

„Darf ich noch einen weiteren Ihrer Betriebe besichtigen? Wir sind ja gerade an anderen Stallungen vorbeigefahren."

„Herr Arvay, wir kennen Ihren Standpunkt, wir haben uns Ihre Meinung im Fernsehen angesehen. Es gibt für Sie keinen weiteren Zugang zu unseren Betriebsgeländen."

So verlief mein erstes Zusammentreffen mit Friedrich Behrens, Geschäftsführer des *Erzeugerzusammenschlusses Fürstenhof* in Deutschland.

„Wir werden hart durchgreifen!" – Die Fürstenhof-Story

Am nächsten Tag an einem anderen Betriebsstandort des Erzeugerzusammenschlusses Fürstenhof, ebenfalls in Mecklenburg-Vorpommern[2].

Fest umgriffen mit meinen Händen, streckte ich meine Spiegelreflexkamera über den Maschendrahtzaun und drückte mehrmals hintereinander auf den Auslöser. Ich tat dies unbeirrt von dem Motorengeräusch, das ich von hinten wahrgenommen hatte und das lauter und lauter wurde. Ohne mich umzudrehen,

2 Diese Schilderung wurde anhand eines Gedächtnisprotokolls erstellt, das unmittelbar nach dem Vorfall aufgezeichnet wurde.

vernahm ich deutlich, wie sich ein Wagen näherte und über die dichte, grüne Grasdecke auf mich zu rollte. Er kam nur einen halben Meter hinter mir zu stehen – so nah, dass ich im Erdboden unter meinen Füßen die Vibrationen des laufenden Motors spürte. Ich senkte die Kamera vor meinem Körper langsam ab, ohne dabei den sicheren Griff zu lockern. Dann atmete ich einmal tief durch und drehte mich schwungvoll um. Vor mir stand, fast auf Fühlung herangefahren, ein dunkler Geländewagen. Das Fenster war geöffnet und ich blickte direkt in das Innere des bulligen Gefährts.

„Guten Tag", begrüßte mich der in dezentes Jägergrün gekleidete Fahrer, ohne eine Miene zu verziehen. Er stellte sich als Frank Wehner vor. Herr Wehner wusste, wer ich war und dass ich bereits ein kritisches Buch über die biologische Lebensmittelindustrie verfasst hatte, in dem ich offengelegt hatte, „wie uns die Lebensmittelkonzerne an der Nase herumführen" – und zwar mit ihren Bio-Handelsmarken. Er wollte wissen, was ich hier, rund um seine Bio-Hühnerfarm, zu suchen hatte.

„Ich möchte ein paar Eindrücke aus der biologischen Eierproduktion festhalten, um die Bilder der Realität mit nach Hause zu nehmen", antwortete ich höflich und fügte noch hinzu, dass dies ein wichtiger Teil meiner Arbeit als Agrarbiologe war.

„Es ist streng verboten, unsere Betriebsgelände zu betreten", wurde mir entgegnet.

„Dessen bin ich mir bewusst", erwiderte ich blitzartig, „deswegen halte ich mich ja nur *außerhalb* des Betriebsgeländes auf". Tatsächlich hatte ich keinen Versuch unternommen, die lückenlose Absperrung zu überwinden. Ich hatte sämtliche an den Maschendrahtzäunen angebrachten Warn- und Verbotsschilder befolgt und befand mich lediglich auf einem angrenzenden Wiesengrundstück, das für jedermann zugänglich war. Deswegen stellte nun auch ich eine Frage, die ich für ausgesprochen berechtigt hielt: „Was ist denn so problematisch daran, wenn ich von außen – aus dieser Distanz – ein Foto Ihrer Stallanlagen mache?

Die stehen doch hier öffentlich in der Landschaft und jeder Mensch kann sie sehen." Eine Straße führte an den Bio-Ställen vorbei und der Trampelpfad, von dem aus ich fotografiert hatte, wurde von Spaziergängerinnen und Spaziergängern täglich genutzt.

„Wir befinden uns in einer empfindlichen Lage", erklärte mir Herr Wehner, bevor er mich aufforderte, neben ihm im Wagen Platz zu nehmen. Ich blickte mich um: Weit und breit war außer uns beiden kein Mensch zu erblicken. Die Dämmerung war hereingebrochen und die Sonne hatte sich bereits hinter den Horizont geschoben. Obwohl ich kein Unrecht begangen hatte, wusste ich, dass ich von diesem Ort nicht so ohne Weiteres wieder wegkommen würde. Ich nahm auf dem Beifahrersitz Platz und wir fuhren den Hang hinunter bis vor ein großes, vergittertes Einfahrtstor, vor dem auch mein eigenes Auto geparkt war. Wir stiegen aus dem Wagen und warteten.

Von der Straße aus näherte sich binnen fünf Minuten eine silberne, luxuriös anmutende Limousine und bog, graziös rollend, in den Feldweg ein. Der Schlitten wurde angehalten, der Rückwärtsgang eingelegt, das Steuer dabei stark eingeschlagen. Das schicke Auto kam schließlich quer zur Einfahrt zu stehen, sodass kein anderes Fahrzeug mehr passieren konnte. Die Ausfahrt war versperrt.

Aus der Limousine stieg ein Mann und kam langsam auf uns zu. Er hielt etwas in seinen Händen, das mich noch mehr überraschte als das Blockieren der Ausfahrt. Es war ein Schlagstock aus Holz – ein Stück Materie, das man lieber nicht im Einsatz zu spüren bekommt.

Der Neuankömmling hielt den Stock gut sichtbar neben seinem Körper, während er sich ganz langsam auf mich zu bewegte. Ich erkannte ihn, er war der Geschäftsführer des Erzeugerzusammenschlusses Fürstenhof, eines der größten Produktions- und Vermarktungsunternehmen für Bio-Eier in Deutschland. Sein Name: Friedrich Behrens. Die Fürstenhof-Eier sind unter den

Bio-Labels der Supermärkte und Discounter überall in Deutschland erhältlich und werden außerdem über große Bio-Marken wie beispielsweise *Alnatura* vertrieben. Jahresproduktion: mehr als hundert Millionen Eier. Das Betriebsgelände, das ich von außen fotografiert hatte, war eines von zehn Standorten des Fürstenhof-Imperiums[3], welches laufend vergrößert wird. Im Durchschnitt beherbergt jeder einzelne Standort 40.000 Bio-Legehennen, manchmal mehr und manchmal weniger. Herr Wehner, der mich mit seinem Wagen aufgegabelt hatte, war an diesem Standort Betriebsleiter.

Der Fürstenhof-Geschäftsführer Friedrich Behrens ist Herr über insgesamt 400.000[4] nach biologischen Richtlinien gehaltene, gackernde Federtiere. Es dauerte noch eine ganze Weile, bis er sich in gemächlichem Tempo an mich heran bewegt und sich frontal vor mich gestellt hatte.

„Als Sie mich gestern nachmittags gefragt haben“, so begann er seinen Auftritt, „habe ich Ihnen doch erklärt, dass es für Sie keinen weiteren Zugang zu unseren Betrieben gibt“.

„Richtig. Deswegen habe ich das Gelände ja nicht betreten“, wiederholte ich mein Verteidigungsargument.

Weshalb ich denn überhaupt Interesse an den Stallungen des Fürstenhofes hätte, fragte Behrens.

Weil ich als Agrarbiologe einen Überblick über die Realität der Bio-Produktion erhalten und nicht auf die Behauptungen und Werbedarstellungen der Lebensmittelkonzerne angewiesen sein wolle, gab ich zur Antwort. „Ich mache mir lieber selbst ein Bild.“

Nachdem wir den Ball auf diese Weise einige Male hin- und hergespielt hatten, sprach der Fürstenhof-Chef eine deutliche und unmissverständliche Warnung aus: „Alle unsere Mitarbeiter sind angewiesen“, eröffnete er, „gegenüber sämtlichen Personen,

3 Stand: August 2012
4 Stand: September 2012, Tendenz steigend.

die sich unbefugt einem der Betriebsgelände nähern, hart durchzugreifen."

Während er das sagte, blickte ich auf den Schlagstock in seinen Händen. Ich nahm diese Worte eher als bedrohlich denn als Warnung wahr. Dass ich wie ein Eindringling, ja fast wie ein Einbrecher behandelt wurde, empfand ich nicht als angebracht. Der noch immer anwesende Standortleiter, Frank Wehner, ließ mich wissen, dass auch er stets mit einem Stock ausgerüstet sei, wenn er sich auf dem Betrieb aufhalte. Noch immer verstand ich die Aufregung nicht.

„Wissen Sie, wir wurden gelinkt", erklärte mir Herr Wehner.

„Gelinkt?", fragte ich nach.

Ja, das Filmteam des deutschen TV-Senders ARD habe den Fürstenhof hinters Licht geführt, übernahm Geschäftsführer Behrens die Antwort. Man habe den Kameraleuten offenherzig Zutritt in eine der Hühnerhallen gewährt, dann sei das Material ohne Erlaubnis gesendet worden. „Wie billig kann Bio sein?", so hieß der Dokumentarstreifen der ARD. „Das waren aber keine aktuellen Aufnahmen", spitzte Behrens den Vorwurf zu. „Außerdem wurde das Bildmaterial manipuliert", ergänzte Wehner.

„Wie denn?", fragte ich.

„Na, ganz einfach: mit Rotfiltern", zeigte er sich überzeugt. „Da wirken dann auch gesunde Hühner zerrupft und verwundet." Noch dazu seien Aufnahmen gesendet worden, die von Tierschützerinnen und Tierschützern heimlich aufgezeichnet worden und somit illegal zustande gekommen seien, bemängelte Behrens das Vorgehen der Reporter. „Das ist kein seriöser Journalismus und dagegen wehren wir uns".

Herr Wehner bezeichnete das Vorgehen der Journalisten und Tierschützer sogar als „Denunzierung, das hatten wir in Deutschland bereits in den Dreißigerjahren einmal."

Vor meinen Augen kreiste eine Fliege. Ich hob meinen Arm und scheuchte das Insekt mit einer raschen Handbewegung davon. Beinahe im selben Augenblick drehte sich der Fürstenhof-

Geschäftsführer reflexartig in die Richtung, in die ich meine Hand bewegt hatte, und richtete seinen Blick nach oben ins dämmrige Himmelszelt. „Sie kreisen sogar schon mit Hubschraubern über unseren Hallen“, kommentierte er seine erschrockene Reaktion. Ich fühlte, an der Richtigkeit dieser Aussage zweifelnd, wie sich meine Stirnfalten aneinanderlegten. Außerdem hatte ich doch nur eine kleine, schwarze Stubenfliege verjagen und nicht etwa Handzeichen an einen Piloten geben wollen.

„Mit Hubschraubern?“, wiederholte ich die Essenz der Behauptung. „Wer sitzt denn da drinnen?“

„Journalisten und Tierschützer“, antwortete Behrens überzeugt.

Ich ersuchte den Dokumentarfilmer Knud Vetten, der für die Dreharbeiten im Auftrag der ARD zuständig war, um eine Stellungnahme zu den Vorwürfen, die von den beiden Vertretern des Erzeugerzusammenschlusses Fürstenhof ihm und der ARD gegenüber gemacht wurden. Diese Stellungnahme lautet wie folgt:

„Die Aufnahmen aus den Anlagen des Erzeugerzusammenschlusses Fürstenhof waren zum Zeitpunkt der Ausstrahlung des ARD-Films ‚Wie billig kann Bio sein?‘ weniger als vier Monate ‚alt‘.

Filter kommen bei unseren Dreharbeiten gar nicht zum Einsatz. Dass die Legehennen zerrupft und verwundet aussahen, liegt an der Haltung dieser Tiere, am Management in den Ställen und an grassierenden Krankheiten. Das heißt, die gezeigten Legehennen waren *tatsächlich* zerrupft und verwundet.

Die Behauptung, dass wir mit Tierschützern zusammen in Helikoptern Anlagen des Erzeugerzusammenschlusses Fürstenhof überflogen hätten, ist absurd.

Zur Aussage von Frank Wehner, der das Vorgehen der Journalisten als ‚*Denunzierung, das hatten wir in Deutschland bereits in den Dreißigerjahren einmal*‘ beschrieb, erübrigt sich jeglicher Kommentar. Dieser Vergleich ist unterhalb jedes Niveaus.“

Die Bilder, die von der ARD gezeigt worden waren, bildeten das Stallinnere ab. Es waren schlecht befiederte Hühner mit entzündeter, nackter Haut zu sehen. In der Herde war ohne jeden Zweifel ein teuflisches Phänomen ausgebrochen, das als *Federnkannibalismus* bekannt und gefürchtet ist.

> **Federnkannibalismus** gilt als eine der häufigsten Formen der Verhaltensstörung bei Hühnern in intensiven biologischen sowie konventionellen Haltungsformen. Die Tiere picken einander bevorzugt in den Bereichen des Halses, des Rückens, des Schwanzes und der Kloake die Federn aus. Durch Federnkannibalismus werden große Bereiche der Körperoberflächen der Hühner in kurzer Zeit nackt, woraufhin es zu sekundären Infektionen des Haut- und Bindegewebes kommen kann. Oft werden die Federn verzehrt, um Nährstoffmangel auszugleichen. Ein weiterer Grund für den Ausbruch von Federnkannibalismus ist die fehlende Hackordnung. In großen Herden kann sich keine natürliche Sozialstruktur entwickeln, was zu einem erhöhten Stressniveau und gestörtem Verhalten führt.

Die Tiere waren also sichtlich verhaltensgestört und nervös. Für das Fernsehpublikum, das üblicherweise nur die von Werbefachleuten romantisch in Szene gebrachten Bilder von glücklichen Bio-Hühnern im grünen Gras in den Kopf gehämmert bekommt, mussten die Aufnahmen einer so verstörenden Bio-Realität schwer zu verdauen gewesen sein.

Fürstenhof-Geschäftsführer Behrens betonte abermals, dass die gezeigten Bilder die aktuellen Bedingungen in der betroffenen Anlage des Fürstenhofs nicht wiedergeben würden.

Es reizte mich daher immer mehr, doch noch einen Blick in das Innere der Bio-Produktionshallen zu erhaschen, die sich hinter mir aus dem Erdboden erhoben und aus denen mir ein unangenehmer Geruch in die Nase stach. Der dichte, durch die Mauern gedämpfte Klangteppich des nervösen Gackerns aus dem

Inneren der Ställe ließ auf die hohe Anzahl an Tieren schließen, die sich dahinter verbargen.

„Wenn Sie also nichts zu verstecken haben", fuhr ich fort, „weshalb gehen Sie dann nicht mit mir gemeinsam durch eine der Hallen hinter uns?" Ich sprach damit beide Männer an und ließ meinen Blick zwischen ihnen hin- und hergleiten. Dann legte ich noch nach: „Ich lasse meine Kamera draußen. Sie können mich sogar durchsuchen, bevor wir das Gebäude betreten." Ich ging davon aus, dass mir mein Wunsch – wenn auch widerwillig – gewährt werden würde.

Doch ich hatte mich getäuscht: „Unsere Tore bleiben verschlossen, und das gilt nicht nur für Sie", wiederholte der Geschäftsführer seine Absage.

Von der Straße aus bog ein weiterer geländetauglicher Wagen ein, hielt kurz an und wurde daraufhin querfeldein über die Wiese bis zu uns gesteuert, denn die schicke Fürstenhof-Limousine blockierte nach wie vor die Einfahrt. Ein Mann stieg aus, ich streckte ihm höflich und formal meine Hand zur Begrüßung entgegen und er drückte zu – so fest, dass es schmerzhaft war. Dabei zog er mich ruckartig in seine Richtung. Ich setzte meinen rechten Fuß blitzschnell nach vorne, um nicht zu stürzen. Der Mann stellte sich auf meine Nachfrage als Gottfried Marth vor. Er war der Vorstandsvorsitzende des *Biopark*-Verbandes für ökologischen Landbau, in dem auch die Erzeugergemeinschaft Fürstenhof Mitglied ist. Im Klartext: Fürstenhofware ist biologische Verbandsware, die also nach höheren Standards zertifiziert ist, als das bloße EU-Biozeichen verlangt. Der Biopark-Verband soll laut unternehmenseigener Homepage unter anderem „den Bedürfnissen der Tiere gerecht werden", sich „sozial engagieren" und „die Herkunft der Bioprodukte transparent machen"[5]. Die drei Herren, die mich umringt hatten, kannten sich untereinander offen-

5 Quelle: Homepage des Biopark-Verbandes, www.biopark.de, Stand: 2. November 2012

bar gut. Über meine Anwesenheit in der Nähe des Fürstenhofes hatten sie einander in kürzester Zeit informiert. Sollte eine Verbindung vorliegen, wäre dies nichts Ungewöhnliches in der Lebensmittelindustrie. Zertifizierer, Verbandsleiter und Großproduzenten stehen einander oft näher, als so manche Konsumentin oder so mancher Konsument annehmen dürfte. Auch Doppel- und Mehrfachfunktionen sind keine Seltenheit.

Auch in Österreich findet man ähnliche Konstellationen. So ist beispielsweise Werner Lampert, der Gründer der Biomarke *Zurück Zum Ursprung* von HOFER (ALDI SÜD in Österreich), gleichzeitig verantwortlich für das Gütesiegel *Prüf Nach!*, das exklusiv an die Produkte dieser Marke vergeben wird. Das brandneue Qualitätszeichen *Fairify*, das künftig für nachhaltige und faire Produktionsbedingungen stehen soll, wurde ebenfalls von Lampert eingeführt. Damit noch nicht genug: Der im Marketing des Discounters HOFER sowie in den Medien als „Österreichs Biopionier" bekannt gewordene Multifunktionär ist außerdem Geschäftsführer eines der größten Produktionsbetriebe für Biogemüse in Österreich, nämlich des Csardahofes. Dort – und so schließt sich der Kreis – wird exklusiv für die Biomarke *Zurück Zum Ursprung* von HOFER produziert, für die die sogenannte *Werner Lampert Beratungsges.m.b.H.* mit dem Qualitätsmanagement beauftragt ist. Auf biologisches Feingemüse für *Zurück Zum Ursprung*, vor allem auf Blatt- und Fruchtgemüse, hat der Csardahof sogar die Hoheit. Ein Detail in diesem Geflecht: Der Csardahof befindet sich im Eigentum der Familie Dichand, in Österreich bekannt durch die Tageszeitung „Krone".

Nachdem mir Fürstenhof-Geschäftsführer Behrens gemeinsam mit seinen beiden Gefolgsleuten die Ausfahrt wieder freigegeben hatte, war ich erleichtert, in meinen Wagen einsteigen und davonfahren zu können. Ich setzte meine Reise fort, ohne in Erfahrung gebracht zu haben, welche Bio-Wirklichkeit sich hinter den Mauern der Stallanlagen verbarg, die ich gerade hinter mir ließ.

Später führte ich noch ein persönliches Interview mit dem Betriebsleiter, Herrn Wehner. Ich sprach ihn auf den Holzstock an, der mich beunruhigt hatte. „Halten Sie es wirklich für angebracht, dass Herr Behrens mit einer Art ‚Waffe' auftauchte?", fragte ich.

Das war die wörtliche Antwort: „Wissen Sie, der Mann guckt ein bisschen weiter, der weiß, was auf dem Markt los ist." Und immerhin, so hieß es, sei ich ja in Zusammenhang mit den Journalisten der ARD aufgetreten, da ich diesen ein Interview über die Bio-Industrie gegeben hatte.

Bei den durch die ARD ausgestrahlten Schnappschüssen handelte es sich um Belege aus einer Welt, zu der die Öffentlichkeit üblicherweise keinen Zugang hat – Eindrücke aus einem Bio-Universum, dessen Existenz durch unzählige Gütesiegel, gewiefte Werbeslogans und eine märchenhaft inszenierte Marketingwelt verschleiert bleibt. Doch dieses verborgene Universum war nicht neu für mich, ganz im Gegenteil: Ich kannte die im deutschen Fernsehen gezeigten Haltungsformen bereits zur Genüge aus meinen jahrelangen Recherchen, die ich in der Bio-Lebensmittelindustrie durchgeführt hatte. Ich war davon nicht im Geringsten überrascht. Die immer gleichen Tierhaltungsumstände, die ich so oft und hautnah miterlebt hatte, waren mir aus Österreich, Deutschland und anderen europäischen Ländern in lebhafter Erinnerung und konnten mich nicht mehr schockieren.

Von nackten Kannibalen

Wobei, ganz stimmt das nicht. Sicher, man bekommt mit der Zeit eine hartgesottene Schutzhülle, wenn man sich regelmäßig in den Produktionsstätten der Agrar- und Lebensmittelindustrie umsieht. Aber so abgebrüht bin ich noch nicht, dass mich Härtefälle nicht mehr vom Hocker reißen würden. Und die begegnen mir immer wieder.

Nach meinem Besuch auf dem Fürstenhof-Gelände brach ich zu einem anderen Produzenten von biologischen Eiern auf – und zwar nach Niedersachsen. Der Betrieb steht unter Vertrag mit der *Heidegold GmbH*, einem deutschen Vermarktungsunternehmen für Eier. Man handelt dort nicht nur mit Bio-Eiern, sondern auch mit konventionellen Eiern aus Freiland- und Bodenhaltung sowie aus sogenannter „Kleingruppenhaltung". Das ist eine modifizierte Form der Käfighaltung, die in manchen Ländern, wie etwa in Deutschland, erlaubt ist. Anderswo, zum Beispiel in Österreich, ist jede Form der Käfighaltung verboten, auch die Kleingruppenhaltung.

Die Heidegold GmbH tritt auch als „Hühnerhof Heidegold" auf. Die Homepage des Unternehmens ziert die Abbildung zweier Hühner vor einem golden in der Sonne liegenden Getreideacker – rechts daneben die Darstellung eines traditionellen Fachwerkbauernhauses. Doch dass mich in der Hühnerwelt von Heidegold keine derartige Landidylle erwarten würde, wusste ich bereits, als ich auf dem Weg zu einer der Bio-Produktionsstätten war. Ich hatte Bio-Eier aus diesem Betrieb in verschiedenen deutschen Supermarktfilialen gefunden. Der von der EU vorgeschriebene Code auf dem Ei machte mir die Rückverfolgung möglich.

Schon von Weitem erkannte ich die Hühnerhalle und wusste, dass ich hier richtig sein musste. Das Gebäude hatte ein Fassungsvermögen von 12.000 Bio-Legehennen. Kaum war ich angekommen, kam der Hühnerhalter aus der Packhalle. „Ich habe Sie schon erwartet", sagte er, während er mir die Türe in seinen Betrieb aufhielt. Selbstverständlich war auch dies – so wie üblich – ein angemeldeter Besuch von mir. Ich zog meinen Schuhen die blauen Plastikhüllen über, die mir entgegengestreckt wurden, hüllte mich in den weißen Mantel und griff zu meiner sperrigen Kameratasche.

„Darf ich drinnen fotografieren und filmen?", fragte ich.

„Ja, nehmen Sie Ihre Kameras ruhig mit."

Die schwere Metalltüre ging auf und gab den Blick ins Innere der Stallung frei. Ich trat ein und stand in einer von vier Stalleinheiten, die – völlig EU-konform – mit 3.000 Legehennen besetzt war. Es lebten dort – ebenfalls ganz im Sinne der EU-Richtlinien für biologische Landwirtschaft – sechs auf Leistung getrimmte Legehennen pro Quadratmeter Stallfläche.

> Die EU-Richtlinien für biologische Landwirtschaft erlauben für die Eierproduktion *3.000 Legehennen pro Stalleinheit* bei Besatzdichten von *sechs Tieren pro Quadratmeter*. In der biologischen Großproduktion werden diese Vorgaben in der Regel ausgeschöpft. Pro Betriebsstandort leben in Deutschland bis zu 70.000 Bio-Legehennen und in Österreich bis zu 18.000.

Diese Zahlen für sich betrachtet lassen bereits erahnen, dass auch Biohühner in einer recht dichten Stallgesellschaft leben. Das ist aber noch nicht alles:

Bei der Besatzdichte wird nicht nur die Grundfläche des Stalls gerechnet, sondern jede für Hühner begehbare, undurchlässige Fläche. Bei der in Österreich, Deutschland und der Schweiz vorherrschenden Volierenhaltung gibt es über der Bodenfläche noch zwei weitere Etagen, die den gesamten Stall durchziehen. Unter diesen Metall- und Gitterflächen, für die Hühnerfüße keineswegs geschaffen sind, laufen Fließbänder für den Kot. Die Flächen gelten daher als undurchlässig und werden der Stallfläche hinzugerechnet. Dies entspricht den EU-Biorichtlinien.

> Gemessen an der eigentlichen Grundfläche des Stalls drängen sich also stets deutlich mehr als sechs Bio-Legehennen pro Quadratmeter. Auch das ist in der Bio-Industrie Standard in ganz Europa.
>
> Bei Bio-Masthühnern beträgt die erlaubte Besatzdichte im Stall zehn Tiere pro Quadratmeter, was 21 Kilogramm Lebendgewicht entspricht. Die Tiere sind auf Stalleinheiten zu je 4.800 Stück aufgeteilt.

Als ich die Produktionshalle betrat und die Bio-Legehennen aus dem Hause Heidegold sah, schoss mir ein Gedanke ein: „Schon wieder nackte Hühner!“ Ich griff zu meiner Fotokamera und tat einen großen Schritt nach vorne. Ich fühlte beim Auftreten den zentimeterhohen Hühnerkot unter meinen Füßen, dann hob ich die Kamera vor mein Gesicht und blickte den Betriebsleiter kurz an. Er nickte. Ich legte mein Auge an den Sucher und drückte den Auslöser [siehe Abb. 3–4 im Bildteil].

Mir kamen die beiden majestätischen Hühner und das urige Fachwerkhaus von der Homepage der Heidegold GmbH in den Sinn: „Was würde passieren“, dachte ich mir, „wenn stattdessen Fotos der Realität gezeigt würden? Ob es dann einen Aufstand der Konsumentinnen und Konsumenten gäbe?“

Wir bewegten uns langsam durch die Stalleinheit. Am Ende öffnete ich eine weitere schwere Metalltüre und trat ins nächste Abteil ein – wieder mit 3.000 Hühnern besetzt. Ich bewegte mich weiter und stieß an eine andere Türe. Ich öffnete sie, schritt hindurch und stand in der dritten Stalleinheit, an deren Ende ich erneut eine Türe öffnete. Ich fühlte mich ein wenig wie in einem Wunderland, aber in keinem besonders schönen. Denn es war, als gelangte ich mit jedem Gang durch die Türe wieder dorthin, wo ich angefangen hatte. So sehr ähnelte eine Stalleinheit der anderen. Und jede war mit 3.000 spürbar gestressten Legehennen, die fast alle nackt waren, vollgestopft. Ich betrat schließlich das letzte Abteil.

Der für die Heidegold GmbH produzierende Betrieb kam mir vor wie eine Art Hühnerhölle mit Biosiegel: In meinen Augen standen aufgrund der intensiven, scharfen Dämpfe bereits Tränen. Meine Nasenschleimhäute brannten und ich verspürte Hustenreiz. Mein Körper hatte begonnen, sich gegen dieses dunkle, mit künstlichem roten Licht ausgestattete Ambiente zur Wehr zu setzen. Anders als die Bio-Hühner hatte ich aber wenigstens die Perspektive, dieses Gebäude jederzeit verlassen zu können. Doch zuvor packte ich noch meine Filmkamera aus. Ich wollte das sichtlich nervöse Verhalten der Tiere festhalten und die unsagbar laute Geräuschkulisse dokumentieren: dieses ununterbrochene, ohrenbetäubende Gackern von Tausenden von Hühnern, von denen jedes einzelne unkoordiniert einfach nur Lärm machte. Von Kommunikation untereinander, zu der Hühner von Natur aus begabt sind, war nichts mehr zu spüren.

> Die an jenem Tag entstandenen Film- und Fotoaufnahmen aus diesem Stall, in dem für die Heidegold GmbH Bio-Eier erzeugt werden, finden Sie online unter:
> **www.frissoderstirb.info**

Nachdem ich mit dem Filmen und Fotografieren fertig war, hatte ich nur noch eines im Sinn: Frische Luft! Ich begab mich auf den Rückweg vom vierten ins dritte, vom dritten ins zweite und vom zweiten ins erste Stallabteil, von wo aus ich wieder unter freien Himmel gelangen würde. Doch ich setzte mich zu schnell in Bewegung. Das gab den ohnehin schon blank liegenden Nerven der Vögel den Rest. Schlagartig verstummten ihre Rufe und wurden durch ein Getöse aus kollektivem Flügelschlagen ersetzt. Eine gigantische Hühnerwolke setzte sich in Bewegung und flog unkoordiniert durch die Halle. Ich hörte, wie einige der Tiere mit der stählernen Stalleinrichtung kollidierten. Ich konnte aber nichts mehr erkennen, denn der Hühnerwolke folgte im Handumdrehen eine undurchsichtige Staubwolke. Da half es mir auch nicht mehr, den Ärmel meines Pullovers fest gegen meine Nase zu drücken: Ich inhalierte eine Mischung aus Ammoniakdämpfen, wild durcheinandergewirbelten Kotpartikeln und Federstaub. Unbeirrt bewegte ich mich, halb tastend, weiter. Als ich nach einer Weile den Ausgang erreichte, hatte sich die Staubwolke noch immer nicht gelegt.

Draußen angelangt, inspizierte ich die vorgeschriebene Auslauffläche. Sie war fast „vogelfrei“. Während sich im Stall der rege Bio-Hühneralltag abspielte, lag vor mir eine riesige, grüne

Grasfläche, auf der ich kaum Tiere ausmachen konnte. Ein paar von ihnen hielten sich in Stallnähe auf, dort, wo das Gras bereits völlig verschwunden und durch offen liegendes, zerstörtes Erdreich ersetzt war. [Abb. 5]

Diesen Zustand war ich längst gewohnt. In den letzten Jahren hatte ich mir zig Stallgebäude mit ihren Auslaufflächen angesehen. Und das Bild war immer dasselbe: Die Tiere tummelten sich im besten Fall in der unmittelbaren Nähe der Halle und nur einzelne hielten sich ein paar Meter von den Auslaufluken entfernt auf. Der überwiegende Teil der Hühner befand sich zu jeder Zeit im dunklen Stall.

Der große Freiland-Bluff

Dieses Phänomen wird in den Nutztierwissenschaften als „Auslaufproblem“ gehandelt und ist Agrarforscherinnen und Agrarforschern wohlbekannt. Unter Insidern wird es nicht bestritten und ich traf auch nie auf einen biologischen oder konventionellen Produzenten, der die Existenz des Auslaufproblems im Vieraugengespräch mir gegenüber geleugnet hätte. Vor der Öffentlichkeit hingegen wird diese Tatsache hartnäckig verheimlicht, und zwar nicht nur von den Lebensmittelkonzernen selbst, durch ihre völlig verschobenen und verzerrenden PR-Bemühungen und die realitätsferne Werbung mit stets glücklich im Gras pickenden Federtieren, sondern auch durch die Bio-Verbände, die mit Hingabe die vier Quadratmeter Freifläche betonen, die jeder Henne zur Verfügung stehen. Bei manchen Verbänden sind es sogar zehn Quadratmeter.

Die Auslaufoption kann bei intensiver biologischer Haltung aber kaum mehr so gestaltet werden, dass die Hühner die vier bis zehn Quadratmeter Wiese, die ihnen theoretisch zur Verfügung stünden, auch tatsächlich nutzen. Dasselbe Problem herrscht in der konventionellen Freilandhaltung. Egal zu welcher Tageszeit ich Legehennen besuchte, die für unsere Lebensmittelkonzerne Freiland- oder Bio-Eier legen: Der Großteil von ihnen war *immer* im Stall. Die Herden sind einfach zu groß, die dichten Haltungsbedingungen in den Volieren führen zu Stress. Eine natürliche Hackordnung lässt sich so nicht mehr aufbauen, was zu Unruhe und Chaos in der Herde führt. Dies ist mit ein Grund, dass die Tiere ihre arteigenen Verhaltensmuster weit weniger entfalten können, als es in kleineren, angepassten Einheiten der Fall wäre. Der Auslauf wird also bereits aufgrund des hohen Stressniveaus nur schlecht ausgenutzt.

Fehlende Deckung im Freiland verschärft das Problem. Hühner sind Tiere, die von Natur aus auf das Leben am Waldrand spezialisiert sind. Sie bewegen sich entlang von Schutzstrukturen, wie etwa Hecken, Büschen und Bäumen, unter denen sie sich vor Greifvögeln sicher fühlen. Auslaufflächen für tausende oder zigtausende Hühner lassen sich daher kaum artgerecht gestalten. Wenn jedem Bio-Huhn – theoretisch – vier bis zehn Quadratmeter zur Verfügung stehen sollen, erstrecken sich die Freiläufe über ausgedehnte, nackte Graslandschaften, die ungeschützt unter dem Himmel liegen. Auch einzelne, verstreut stehende Büsche sind nicht ausreichend, zumal selbst solche in der Praxis kaum zu finden sind. Der größte Teil der Flächen liegt weit von den Auslaufluken entfernt. Dass der überwiegende Teil der Außenanlagen von den Hühnern nicht genutzt wird, belegt auch das stets grüne, saftige Gras. Jeder Mensch, der schon einmal Hühner gehalten hat, weiß, welche Spuren diese Tiere in der Landschaft hinterlassen. Sie scharren und picken den Boden auf, vernichten die Grasnarbe und verwandeln selbst die dichtesten Wiesen in karge Flächen. Ein paar Meter rund um die großen Stallgebäude der Eierwirtschaft – konventionell und biologisch – befindet sich der Boden stets in diesem Zustand und zeugt davon, wie verschwindend klein diese von den Hennen genutzte Fläche in Wirklichkeit ist. Der allergrößte Teil der Tiere befindet sich zu jeder Zeit im Stall. Dies lässt sich durch unzählige Fotos und Videoaufnahmen, die ich im Rahmen meiner Reise gemacht habe, mannigfaltig belegen. Dennoch werden die Lebensmittelkonzerne und Eier-Lobbyisten das Auslaufproblem auch in Zukunft leugnen. Man wird uns in der Werbung und in angeblichen „Informationsbeiträgen" weiterhin nur ausgewählte Ausschnitte des Produktionsalltags zeigen, die das trügerische Bild des glücklichen Freilandhuhns oder Bio-Huhns aufrechterhalten sollen. Um dieser Irreführung einen handfesten Riegel vorzuschieben, packe ich jetzt meinen Joker aus:

Fürstenhof-Geschäftsführer Friedrich Behrens – der Mann, dem es nicht gefiel, dass ich eine der Stallungen des Fürstenhofes von außen fotografieren wollte – gab 2010 eine Geruchs- und Immissionsprognose in Auftrag, um den Umbau eines alten Rinderstalls zu einer Bio-Legehennenanlage mit 36.400 Tieren in Groß Köris in Brandenburg, etwa 30 Kilometer südlich von Berlin, durchzusetzen. Die Anrainer hatten Bedenken gegen den Bau der Bio-Tierfabrik angemeldet. Das Gutachten wurde vom technischen Umweltbüro ECOCERT erstellt. Die Menschen aus der Umgebung sollten vor allem in Bezug auf die Geruchs- und Lärmbelästigung der geplanten Anlage beruhigt werden. Unter Punkt 6.1.2. des Gutachtens auf Seite 16 ist zu lesen:

„Untersuchungen der Sächsischen Landesanstalt für Landwirtschaft an Legehennenanlagen mit Freilandhaltung sowie verschiedene vorangegangene Studien belegen, dass der Auslauf im Wesentlichen im Nahbereich des Stalls genutzt wird und nur wenige Tiere die entfernt liegenden Bereiche des Auslaufs nutzen."[6]

Diese Aussage hat offenbar den Sinn, den Bedenken der Anlieger wegen Gestank, Lärm und Kontamination der Umwelt durch die Hühnerherde entgegenzuwirken. In Bezug auf das

---

6 Ober-Sundermeier Anja, technisches Umweltbüro ECOCERT, Geruchs-Immissionsprognose – Legehennenanlage Löpten [Anm.: Gemeinde Groß Köris, Brandenburg, Deutschland], S. 16, Karow, 2010

Wohlbefinden der Tiere vermag dieser Befund jedoch wenig Beruhigung zu verschaffen.

> In dem Gutachten wird auch festgehalten, dass sich bei solchen Stallungen im Mittel nur zehn Prozent der Hennen im Freiland aufhalten. Das bedeutet, in jeder einzelnen Stalleinheit befinden sich stets etwa 2.700 von 3.000 Tieren im Inneren des Stalls.

Mit diesem Gutachten ist es amtlich: Das Auslaufproblem existiert, auch wenn es von den Begutachtern und Betreibern offenbar nicht als Problem gesehen wird. Da sich also zu jeder Zeit fast alle Tiere drinnen aufhalten, sind die Lebensumstände im Inneren des Stalls von größter Bedeutung, um die Situation der Tiere zu bewerten. In der Werbung und in „Informationsbeiträgen“ von Industrie und Handel wird den Konsumenten jedoch genau dieser bedeutungsvolle Blick in den Stall verwehrt.

Die Bio-Managerinnen und Bio-Manager aus dem Umfeld der Supermärkte und Discounter sind sich des Auslaufproblems in der Freiland- und Bio-Hühnerhaltung durchaus bewusst, wie unter anderem aus einem offiziellen PR-Video der Bio-Marke *Zurück Zum Ursprung* von HOFER (ALDI SÜD in Österreich) hervorgeht[7]. In diesem Werbefilm sagt Werner Lampert, der Sprecher der Marke, über den Auslauf „seiner“ Bio-Hennen Folgendes: „Aber ‚zehn Quadratmeter‘ ist natürlich eine Nullaussage, denn kein Huhn nimmt die zehn Quadratmeter an, wenn nicht nach oben Schutz ist. Die Hühner sind so determiniert, dass die Gefahr von oben, von den Raubvögeln kommt, und trauen sich nur hinaus, wenn Bäume da

7 Werbevideo von *Zurück Zum Ursprung* (HOFER/ALDI SÜD in Österreich), ausgestrahlt durch den österreichischen TV-Sender *Puls 4* und über YouTube von *Zurück Zum Ursprung* veröffentlicht.

sind, wenn es Büsche gibt, wenn es Schutz zum Himmel hinauf gibt."

So weit, so gut. Damit hat er natürlich recht und trifft den Nagel auf den Kopf. Doch der weitere Verlauf des offiziellen Werbefilms überraschte mich. Der Zuseherin und dem Zuseher klingen die Worte noch in den Ohren: Kein Tier nimmt den Auslauf an, wenn es nicht ausreichend Schutz nach oben vorfindet. Im selben PR-Video wird dann eine Auslauffläche auf einem Betrieb gezeigt, wo für *Zurück Zum Ursprung* produziert wird. Und – man glaubt es kaum – zu sehen ist ein endlos erscheinender Rasen, auf dem weit und breit kein einziger Busch wächst, von ausreichenden Deckungsstrukturen ganz zu schweigen. Das ist schon beachtlich und entlarvend. Die Fläche ist völlig leergefegt. Sie mag groß erscheinen, sie umfasst schließlich zehn Quadratmeter pro Bio-Huhn, was den „strengeren" Richtlinien von *Bio Austria* entspricht. Aber es ist eine Nullaussage, wie Österreichs „Bio-Pionier" Werner Lampert selbst festgestellt hat. Wo sind die Hühner? Selbstverständlich tummeln sie sich nicht, wie wir glauben sollen, glücklich und zufrieden auf der Wiese. Dies belegt auch die schier endlos erscheinende, saftig grüne und unbeschädigte Grasdecke. Wenige Meter um die Auslaufluken des Stallgebäudes herum ist der Boden kahl und nackt. Ein paar Hühner – aus dem oben zitierten Gutachten wissen wir, dass es nicht mehr als zehn Prozent sind – drängen sich in der Nähe des Stalls und im überdachten, sogenannten „Außenscharrraum".

90 Prozent befinden sich – wie üblich – im Stall. Wenn also beinahe alle Hennen drinnen sind, wieso bewegt sich die Kamera dann nur im Außenbereich? Wieso werden uns nur Grüppchen von wenigen Hühnern gezeigt, die sich ein paar Meter vor den Stall getraut haben? Man sollte angesichts von Werbung immer die richtigen Fragen stellen. Im Falle dieses Werbevideos von *Zurück Zum Ursprung* lautet die Kardinalsfrage:

> Weshalb wird uns der Blick ins Innere des Stalls verwehrt, wenn doch der überwiegende Teil der Tiere zu jeder Zeit dort drinnen ist? [vgl. Abb. 6]

Doch in dem soeben genannten Werbefilm hat man für *Zurück Zum Ursprung* bereits vorgesorgt und liefert die „Erklärung“ für die leergefegte Auslauffläche gleich mit. Der Werbe-Moderator fragt den Bio-Hennenhalter im Hinblick auf die 2.000 Tiere umfassende gezeigte Stalleinheit: „Zum Thema ‚glückliche Hühner‘, circa 100 Hühner sind im Freien und der Rest ist im Stall. Warum gehen die nicht hinaus?“

„Wie man sieht, sie haben die Möglichkeit, hinauszugehen. Die Öffnungen sind vorhanden. Aber es scheint heute die Sonne und es ist windig und die Hennen bevorzugen es, im Schatten zu bleiben.“

„Also die Hühner mögen die Sonne nicht so gern.“

„Nein, eigentlich nicht.“

[Man beachte: Der Werbefilm wurde im Frühling bei milden Temperaturen gedreht, nicht zu kühl und nicht zu heiß – das ideale Hühnerwetter!]

> „Bio, das weiter geht“ heißt es bei *Zurück Zum Ursprung* (HOFER/ALDI SÜD in Österreich). Die erste Hälfte ihres Lebens, das sind vier Wochen, verbringen Bio-Masthühner oft zu 35 Stück pro Quadratmeter in sogenannten „Vormastställen“, in denen es nicht einmal die theoretische Möglichkeit eines Auslaufs gibt. [Abb. 7]

Groß ist schlecht, Klein ist gut?

Es gibt ein beliebtes „Totschlagargument“, mit dem Sprecherinnen und Sprecher von Lebensmittelkonzernen laufend versuchen,

Kritik auszuhebeln. So haben beispielsweise die PR-Mitarbeiterinnen und PR-Mitarbeiter von *Ja!Natürlich* bei REWE in Österreich nach Erscheinen meines Buches „Der große Bio-Schmäh – Wie uns die Lebensmittelkonzerne an der Nase herumführen" mehrfach über ihre Online-Kanäle (Website, Facebook) behauptet, meine Kritik sei auf die einfache Formel „Groß ist schlecht, Klein ist gut" zurückzuführen und daher abzulehnen. Diese Unterstellung mag zwar auf den ersten Blick ein angenehmer Ausweg aus der Argumentationsnot sein, sie trifft aber nicht zu. Ich kenne keinen einzigen Kritiker und keine einzige Kritikerin der Lebensmittelindustrie, mich eingeschlossen, der oder die sich des plumpen Arguments „Groß = schlecht, Klein = gut" bedient oder sich gar darin erschöpft. Nein, nicht die Größe an sich ist das Problem, sondern die realen Folgen des ökonomischen Wachstumsdenkens, das von Konkurrenz und Vereinnahmung geprägt ist.

Das Auslaufproblem zum Beispiel resultiert nüchtern betrachtet daraus, dass die Herden – auch bei Bio – zu groß sind, die Besatzdichte im Stall zu hoch und die Tiere daher ihre artgemäßen Verhaltensweisen nicht zur Entfaltung bringen können. Die Auslaufflächen können für so viele Tiere nicht mehr ausreichend strukturiert werden. Die rechnerisch zur Verfügung stehende Freifläche wird – wie es widersprüchlicher Weise ausgerechnet in dem Werbefilm des HOFER-Konzerns von Werner Lampert bemerkt wurde – zur „Nullaussage". Dafür ist die Größe einer der *Gründe*, sie allein ist aber nicht das Problem.

Wer die immer gleichen Hühnerhallen, in denen für den Lebensmittelhandel Tiere gehalten werden – Bodenhaltung, Freilandhaltung, Biohaltung –, von innen gesehen hat, erlebt auf eindringliche Art und Weise, wie sehr Tiere in so großen Herden und hohen Besatzdichten ihre naturgeschenkten Fähigkeiten verlieren. Die tosende Geräuschkulisse und die stressgeladene Stimmung der Hühner, die ich unter solchen Bedingungen kaum mehr als Individuen als vielmehr wie ein Homogenisat wahrnehmen konnte, habe ich bereits beschrieben. Ein anderes Phänomen ist mir ebenfalls in schauerlicher Erinnerung. Unter natürlichen Bedingungen bilden Hühner untereinander ein soziales System aus, das einigermaßen stabil und ausgeglichen ist und umgangssprachlich als „Hackordnung“ bezeichnet wird. Es gibt dann eine klare Rangstruktur, die sich die Hühner irgendwann untereinander ausmachen. Diese kann sich zwar ändern, wenn höhere Ränge neu erkämpft werden, sie ist aber zu jedem Zeitpunkt, zu dem man sie messen würde, in einem Gleichgewicht. Genau dieses Gleichgewicht sucht man in großen Hühneranlagen vergeblich. Besonders eindringlich kann ich das an einem konkreten Beispiel illustrieren, wozu ich noch einmal auf einen Produktionsstandort für die deutsche Heidegold GmbH zurückkomme. Ich habe bereits erwähnt, dass die Tiere in diesem Betrieb unter Federnkannibalismus litten, der unter anderem als Hinweis darauf gilt, dass die soziale Struktur durcheinandergeraten ist. Dann fiel mir etwas Merkwürdiges auf: In der oberen Etage hockten verstört die ganz besonders nackten und kranken Tiere, während sich auf dem Boden zahlreiche Hühner tummelten, die verhältnismäßig etwas weniger zerrupft waren. Man muss also davon ausgehen, dass die Tiere, die weiter oben saßen, bereits häufiger Opfer von Attacken durch ihre Artgenossen geworden waren, als so manche Henne, die weiter unten saß. Was irritierte mich so sehr daran?

Es war der Umstand, dass dies eigentlich völlig verdreht war. Hätte eine „ordentliche“ Hackordnung vorgeherrscht, hätten die verhältnismäßig weniger oft attackierten Vögel die erhöhten Sitzpositionen innehaben müssen und nicht umgekehrt. Ich machte den Standortleiter darauf aufmerksam. Er blickte sich um. Dann stimmte er mir zu, dass die „Sitzordnung“ ungewöhnlich war.

„Offenbar ist diese Herde völlig durcheinandergeraten und die Hackordnung funktioniert überhaupt nicht mehr“, sagte ich.

„Ja, das scheint tatsächlich so zu sein“, bekam ich zur Antwort. Der Hühnerhalter wollte die Ursachen für die Probleme aber nicht in der Haltungsform an sich gefunden haben, sondern verwies auf den Aufzuchtbetrieb, von dem er die Junghennen erhalten hatte: „Ich bin über den Tisch gezogen worden. Man hat mir eine schlechte Herde angedreht."

„Hier haben Sie meinen Schlüssel"

Niedersachsen, 21. September 2012. Ich war zu Gast bei Carsten Bauck, einem Biolandwirt mit einer großen Erzeugungspalette wie Getreide und Feldgemüse, Rind- und Schweinefleisch, Puten- und Hähnchenfleisch sowie den daraus in eigener Weiterverarbeitung hergestellten Produkten. Ich erreichte den Hof morgens um 9 Uhr. Biobauer Bauck hatte an diesem Tag wenig Zeit, sicherte mir aber ein Interview für Nachmittag zu. Er griff in seine Jackentasche und zog einen Schlüssel heraus. „Das ist der Zentralschlüssel. Mit dem kommen Sie in alle unsere Geflügelställe hinein." Er streckte mir den Schlüssel entgegen. „Sie können sich frei bewegen und umsehen, dürfen jedes Stallgebäude betreten, das Sie von innen sehen möchten." Ich war überrascht, denn damit hatte ich nicht gerechnet. Ich erzählte von meinen Erfahrungen am Fürstenhof, wo mir der Geschäftsführer seinen Schlagstock vorgeführt hatte. Carsten Bauck lachte: „Ich nehme an, wenn man etwas zu verbergen hat, dann muss man sich so verhalten", kommentierte er meinen Bericht. Ich nahm den Schlüssel entgegen und ließ mir erklären, wie ich die Standorte in der Umgebung finden würde.

Carsten Baucks Hof wird seit 1932 als biologischer Betrieb geführt und ist vom Bioverband *Demeter* zertifiziert. Kein einziges seiner Produkte landet in den Regalen von Supermärkten oder Discountern. Da Herr Bauck, der ab Hof sowie über Bioläden vermarktet, nicht dem Zwang zum Wachsen oder Weichen unterliegt, mit dem Supermarktproduzenten zu kämpfen haben, kann er gänzlich anders arbeiten als diese.

Auf seinem Betriebsstandort in Klein Süstedt, nicht weit von Lüneburg, leben Bio-Legehennen, Bio-Masthühner und Bio-Mastputen. Diese sind in mobilen Ställen mit jeweils nur einer einzigen Einheit mit einigen hundert Tieren untergebracht. Die Einzelställe sind auf Kufen gebaut, sodass der Landwirt sie mit seinem Traktor regelmäßig auf der Wiese weiter bewegen kann. Es ist in den Agrarwissenschaften unbestritten, dass ein solches System gegenüber den stationären Massenställen zahlreiche ökologische Vorteile hat und sich auf das Wohlbefinden der Tiere äußerst positiv auswirkt. [Abb. 8]

Die Vorteile mobiler Einzelställe bei Geflügel auf einen Blick:

- Die Herdengrößen sind überschaubar, die Tiere können ein stabileres soziales System ausbilden.
- Die Hühner nehmen den Auslauf besser an, aber auch im Stall herrscht weniger Stress.
- Sie finden leichter zu den Auslaufluken.
- Die Weidefläche wird gleichmäßig beansprucht.
- Der Boden rund um die Ställe kann sich durch die Rotation der Ställe regelmäßig regenerieren.
- Der Kot der Hühner verteilt sich als Dünger über die gesamte Fläche, anstatt den Bereich um die Ställe auf Dauer zu versauern und das Bodenleben in Ungleichgewicht zu bringen.
- Die Tiere haben immer grünes Gras, an dem sie picken können.
- Der Schädlingsdruck wird minimiert, Krankheitserreger werden weniger schnell zum Problem.
- Weideland kann wieder anderen Nutzungsformen zugeführt werden, da die Ställe auch auf gänzlich neue Parzellen bewegt werden können.

Mit dem Zentralschlüssel in der Hand bewegte ich mich von Stallgebäude zu Stallgebäude. Die Unterschiede zur biologischen Massentierhaltung waren eindringlich. Die Hühner und Puten wirkten viel ruhiger und verteilten sich gleichmäßig im Stall und über große Teile der Auslaufflächen. Die Kommunikation unter den Tieren funktionierte: Im Stall herrschte ein unaufgeregtes Gackern und die Stimmen der Tiere waren voneinander abgrenzbar, ohne wie in den Großanlagen zu einem Klangteppich zu verschmelzen, in dem Kommunikation unmöglich wäre. Überall im Stall „badeten“ die Tiere im Sand und der Geruch im Gebäude war in keiner Weise unangenehm. Die Schlachtung erfolgte auf dem Hof in eigens dafür eingerichteten Schlachträumen. Nach stundenlangen Streifzügen durch die Bauckschе Hühner- und Putenwelt fand der Hausherr schließlich Zeit, meine Fragen zu beantworten. [Abb. 9]

Clemens G. Arvay: In meinen Recherchen stoße ich bei Großproduzenten, die von der Industrie oder von Lebensmittelkonzernen unter Vertrag gestellt worden sind, immer wieder auf Hühnerherden, in denen die Tiere überwiegend nackt und zerrupft sind und entzündete Haut sowie Geschwüre aufweisen. Bei Ihnen habe ich kein einziges solches Tier gesehen. Wie kommt das?

Carsten Bauck: Also ich gehe davon aus, dass dies eine Frage der Strukturen in der Aufzucht der Hühner und dann in den Haltungsbedingungen während ihres Lebens ist. Meiner Erfahrung nach ist es so, dass es kein Problem gibt, wenn die strukturellen Anforderungen des Wesens des Huhnes erfüllt werden, wenn es den Tieren ermöglicht wird, arteigene Verhaltensmuster voll auszuleben, wenn also der Alltag gut funktioniert. Solche Tiere können auch am Ende einer Legeperiode, das heißt im Alter von 15 oder 16 Monaten, noch gut befedert sein. Natürlich sehen wir an jeder Henne mit der Zeit die Spuren der Alterung. Bei uns kommt auf 40 Hennen ein Hahn, das heißt, dass jede Henne täglich getreten wird. Dabei hinterlässt der Hahn am Hals Stellen, die leicht ausgedünnt sind. Nackte Hintern lassen sich so aber nicht erklären.

Clemens G. Arvay: Können Sie die strukturellen Probleme in der Geflügelhaltung benennen?

Carsten Bauck: Wenn die Betriebe vorwiegend ökonomisch orientiert sind, werden mehrere Ställe mit großen Einheiten hintereinander gesetzt. Das heißt, ein schlecht aufgezogenes Tier – also ein sehr preisorientiert aufgezogenes Tier – trifft auf ein Stallsystem, das nur in Bezug auf Stallplatzkosten optimiert ist. Es stößt dort oft auf Menschen, deren Hauptinteresse nicht das Tier selbst ist, sondern die maximale Eierlegeleistung. Dann ist das Ergebnis oft, dass man einfach nackte Tiere hat.

Clemens G. Arvay: Können nackte Hühnerhintern das Resultat der Mauser sein?

Carsten Bauck: Nackte Hühner sind das Ergebnis von Federnkannibalismus. Das heißt, Tiere werden aufgrund von schlechten Strukturen – oft auch wegen personellem Mangel – aggressiv und gehen aufeinander los. Bei der Mauser würden die Tiere für sechs Wochen mit dem Legen aufhören. Das ist ein Prozess, der vom Landwirt bewusst über die Futtersteuerung eingeleitet wird und der nicht einfach so passiert. In der Mauser werden Federn außerdem gleichmäßig verloren und nicht nur am Hintern oder am Hals. Die Tiere sehen dann am gesamten Körper zerrupft aus und nicht nur partiell. Vor allem wenn die Schwanzfedern fehlen, ist das ein Zeichen von gegenseitigem Jagen und Kannibalismus.

Clemens G. Arvay: Laut EU-Biorichtlinien und sogar noch nach den Standards des Demeter-Verbandes könnten Sie bis zu 3.000 Tiere pro Stalleinheit halten. Weshalb nutzen Sie diesen Rahmen nicht aus?

Carsten Bauck: Ich weiß, dass der Großteil der Bio-Tiere, die in Einheiten zu 3.000 gehalten werden, nicht optimal untergebracht ist. Insofern kann man schon sagen, dass großstrukturelle Landwirtschaft oftmals vom Tierschutzgedanken her deutlich unterlegen ist, und die Tiere sehen innerhalb weniger Monate grauenhaft aus. Außerdem wollen wir aus ökologischen Gründen keine großen, stationären Stallgebäude.

Clemens G. Arvay: Ist „Bio" Ihrer Meinung nach immer gut und „Konventionell" immer schlecht?

Carsten Bauck: Man kann da nicht schwarzweißmalen und sagen „Ökologisch = gut, Konventionell = schlecht". Das ist tendenziell zwar so, aber ich kenne hervorragende konventionelle Betriebe und ich kenne so richtig schlechte Öko-Betriebe. Das Problem für uns ökologische Landwirte, die versuchen, dichter an dem ursprünglichen Bio-Gedanken dran zu sein, sind die konventionellen Strukturen, die wir heute in der biologischen Landwirtschaft haben. Das heißt, da kommen Menschen, die versuchen, ökologische Landwirtschaft vor allem nach ökonomischen Maßstäben zu betreiben, aber mit dem Image der kleineren Betriebe werben. Also: Andere haben den Weg bereitet und wenn der Weg breit genug ist, dann kommen die „großen Dicken" und verdienen das Geld mit dem positiven Öko-Image. Kleinbetriebe werden so gemeinsam mit den Tieren mit ausgebeutet, wenn großstrukturierte Tierhalter für die Lebensmittelkonzerne erzeugen.

Clemens G. Arvay: Gibt es etwas, das Sie an Ihrem eigenen Betrieb derzeit nicht als optimal empfinden und das Sie künftig anders machen möchten?

Carsten Bauck: Sowohl in der konventionellen als auch in der ökologischen Tierhaltung arbeiten wir heute fast ausschließlich mit intensiver Genetik – oft als „Tiermaterial“ bezeichnet –, die auf ökonomische Bedürfnisse ausgelegt und gerade in Öko-Betrieben fehl am Platz ist. Auch wir Demeter-Bauern setzen noch solche leistungsstarken Züchtungen der Agrarindustrie ein. Diese Abhängigkeit möchte ich gerne überwinden.

Das leistungsstarke „Designerhuhn“ im Ökolandbau

Tatsächlich forderten Bio-Pionierinnen und Bio-Pioniere bereits in den 1970er-Jahren für den ökologischen Landbau den Ausstieg aus der konventionellen Zuchtwahl, die sich nur an Ertrag und raschem Wachstum orientiert. Diese Forderung, die kaum zu überschätzen ist, kann aber aufgrund der Rahmenbedingungen des modernen Marktes nur in den wenigsten Fällen umgesetzt werden. Inzwischen beherrscht beispielsweise bei Hühnern nur mehr eine Handvoll multinationaler Agrarkonzerne den gesamten Zuchtmarkt, also die genetische „Erzeugung“ von industriell ertragreichen Hühnertypen. Bei Legehennen steht nur ein Aspekt im Vordergrund: die Legeleistung. Bei Masthühnern und Puten sind es das schnelle Wachstum und der rasche Ansatz von Fleisch. Diese Tiere sind biologisch degeneriert und auch nicht mehr in der Lage, genetisch stabile Nachkommen hervorzubringen.

Ich traf sogar immer wieder auf Großproduzenten für Lebensmittelkonzerne, die nicht einmal beantworten konnten, welcher Hühnertypus in ihren Ställen lebt. Sie mussten dann erst einen Blick in den Produktionsvertrag werfen, in dem ihnen die Wahl verbindlich vorgeschrieben wurde. Solche Entscheidungen trifft stets das jeweilige zwischengeschaltete Geflügel-Vermarktungsunternehmen, das die Landwirte unter Vertrag gestellt hat, die Einheitsware bündelt und an die Supermärkte und Discounter verkauft. Man möchte es nicht wahrhaben, aber in diesen Punkten gibt es keinerlei Unterschiede zwischen konventioneller und biologischer Produktion, sofern wir den Massenmarkt betrachten.

Was ist eine Hybride?

Die Hybridtechnologie löste ab den 1970er-Jahren die traditionelle Kreuzungszüchtung ab und wird sowohl auf Tiere als auch auf Pflanzen angewendet. Die Agrarwissenschaftler Konrad Martin und Joachim Sauerborn definieren die Hybridzüchtung wie folgt:

„Durch wiederholte künstliche Selbstbefruchtung werden dabei Inzuchtlinien mit bestimmten Merkmalen erzeugt, die selbst aber aufgrund von *Inzuchtdepression* meist wenig ertragreich sind. Solche Inzuchtlinien werden dann miteinander gekreuzt, wobei die sogenannten *Hybriden* entstehen. Gegenüber den Elternlinien weisen diese in der Regel wesentlich höhere Wachstumsleistungen und Erträge auf."[8]

Das Phänomen der explosionsartigen Wachstumssteigerung nach der Kreuzung von degenerierten Inzuchtlinien wird als *Heterosiseffekt* bezeichnet. Die gesteigerte Leistung tritt aber nur in der ersten Generation auf und Tiere sowie Pflanzen aus Hybridtechnologie können nicht weitervermehrt werden. Es kommt zu einer Abhängigkeit der Landwirte von der Industrie, von der sie die Jungtiere (bei

8 Martin Konrad, Sauerborn Joachim, Agrarökologie, S. 33, UTB/Ulmer, Stuttgart, 2006

Hühnern beispielsweise Küken, Bruteier oder Junghühner) beziehungsweise das Saatgut immer wieder aufs Neue kaufen müssen. Die Zucht von Tieren und Pflanzen, die einst Aufgabe der Bäuerinnen und Bauern war, ist heute völlig aus deren Händen entglitten.

Hybriden können biologisch bei Tieren nicht als Rassen und bei Pflanzen nicht als Sorten bezeichnet werden.

Der *Lohmann*-Konzern beispielsweise, der zur *PHW-Gruppe Lohmann und Co. AG* gehört, bedient mit seinen Hochleistungshybriden die konventionelle sowie biologische Landwirtschaft in ganz Europa und in anderen Teilen der Erde – ein Umstand, den auch Carsten Bauck untragbar findet, weshalb er hofft, mit der Unterstützung der Konsumentinnen und Konsumenten, bald auf reinerbige Rassen umsteigen zu können. Diese könnte man dann sowohl zur Eier- als auch zur Fleischproduktion einsetzen, womit die unvertretbare massenhafte Vernichtung männlicher Küken auf automatisierten Fließbandanlagen endlich ein Ende nähme.

Bei der Eierproduktion fallen die jungen Hähne *auch in der Bio-Industrie* in sogenannten Brutfabriken bereits am ersten Tag ihres Lebens einem Rotationsmesser oder einer Gasanlage zum Opfer und werden auf dem Fließband im rasenden Akkord getötet, weil sie keine Eier legen können. Noch nie stieß ich in einem Supermarkt oder bei einem Discounter auch nur auf ein einziges Ei, das ohne diesen blutigen Produktionsschritt hergestellt wurde. Dass dies auch für „Bio" gilt, ist vielen Konsumenten nicht bewusst.

Lohmann ist auf leistungsstarke Legehennen spezialisiert. Nur der Konzern, der es designt hat, kennt das „genetische Ausgangsmaterial" und kann die Tiere „reproduzieren". In der Großproduktion von Bio-Eiern wird in ganz Europa vorwiegend auf die Hybridhenne Lohmann Brown Classic zurückgegriffen. In der Werbung der Lebensmittelkonzerne werden diese herkömmlichen, agrarindustriellen Hybridlinien dann als „braun gefiederte Bio-Rassen" bezeichnet. Solche Bezeichnungen sind meines Erachtens irreführend, doch „Werbemanipulation" funktioniert leider.

Selbst der Bio-Verband „Bio-Austria" setzt auf den Bluff der eklatanten Realitätsverzerrung. In Bezug auf biologisches Hühnerfleisch wird dort von „langsam wachsenden, braun gefiederten Rassen" gesprochen. Doch auch hier herrscht Fehlanzeige: Wieder handelt es sich nicht um „Rassen", sondern um Hybridlinien, die auf hohen Fleischansatz gedrillt und für die konventionelle Agrarindustrie designt sind. Während bei Legehennen vor allem der Lohmann-Konzern weltweit den Ton angibt, gehört bei Masthühnern die Firma *Hubbard* zu den Marktführern, die zum weltumspannenden Pharmakonzern *Groupe Grimaud* gehört. Ihr Designprodukt für den „heavy weight market" trägt den Namen JA-757. Die braun gefiederten Abkömmlinge werden als Red-JA-Brown und JA-Color-Yield bezeichnet.

Solche auf Leistung und Ertrag getrimmten Hybridzüchtungen sind kaum mehr mit dem Gedanken der ökologischen und artgerechten Tierhaltung vereinbar. Dennoch sind sie heute fester Bestandteil des Bio-Marktes. Konventionell wie biologisch werden dieselben Geflügelzüchtungen eingesetzt. [Abb. 10]

Nachteile des Einsatzes von ertragsorientierten Hybriden in der Tierhaltung

- Zweifachnutzung, beispielsweise bei Hühnern, ist nicht möglich. Die Tiere haben entweder eine hohe Legeleistung oder bringen hohe Fleischausbeuten. Dadurch kommt es zwangsläufig auch bei „Bio" zur industriellen Vernichtung der männlichen Brüder der Legehennen, da diese weder Eier legen noch genetisch zur Mast geeignet sind.

- Hybriden haben die Fähigkeit zur genetisch stabilen Reproduktion verloren und können daher nicht als Rassen angesehen werden. Biologisch sowie konventionell wirtschaftende Bäuerinnen und Bauern sind darauf angewiesen, die Tiere immer wieder aufs Neue von der Agrarindustrie zu kaufen.
- Die Zucht und Weiterentwicklung von Tierrassen, auch die Anpassung dieser Rassen an den Standort, war einst Aufgabe der Bauernschaft. Heute gibt es kaum mehr Landwirtinnen und Landwirte, die über das nötige Knowhow verfügen, um dieser wichtigen Aufgabe nachzukommen.
- Hybriden weisen starke Verhaltensabweichungen im Vergleich zu ihren reinerbigen Vorfahren auf. Dies ist von der Industrie teilweise sogar gewünscht. So lässt sich beispielsweise der Tag-Nacht-Rhythmus einer Hybrid-Legehenne durch künstliche Lichtprogramme manipulieren. Vor allem im Geflügelbereich werden bei Hybriden mehr und mehr Verhaltensstörungen beobachtet.
- Tiere aus Hybridzucht weisen aufgrund des ökonomischen Zuchtziels „Leistungssteigerung“ körperliche Degenerationen auf, die ihnen das Leben erschweren. Typisch sind beispielsweise Lahmheiten und Taktfehler beim Gehen sowie ungünstige Verschiebungen der anatomischen Proportionen. Tierschützer sprechen oft von der sogenannten „Qualzucht“.
- Durch die Verdrängung „echter“ reinerbiger Rassen lässt deren Leistungsfähigkeit mehr und mehr nach, da die Tiere ökonomisch nicht mehr interessant sind und keine Rassenpflege mehr stattfindet. Dadurch rasselt ihre wirtschaftliche Attraktivität immer weiter in den Keller – ein Teufelskreis. Alte Rassen verschwinden und mit ihnen nimmt der genetische Unterbau der Tierzucht rasant ab.

Sind die Rassen erst verschwunden, können sie nicht wieder „rekonstruiert" werden.

- Durch den Verlust der Rassenvielfalt in der Landwirtschaft gehen nicht nur ein genetischer Schatz und ein kulturelles Menschheitserbe verloren, sondern wir geben auch die Möglichkeit auf, ökologisch angepasste und standortgerechte, widerstandsfähige Tiere zu halten.
- Hybriden sind anfälliger für Krankheiten und brauchen oft Antibiotika. Hinzu kommt die intensive Haltungsform, die die Verbreitung von Erregern in der Herde fördert. Aus diesem Grund sind Antibiotika auch im Bio-Bereich erlaubt und werden dort eingesetzt.

Agrarindustrielle Hybriden sind in der ökologischen Landwirtschaft aus einem weiteren Grund besonders problematisch. Sie sind für den Einsatz konventioneller Futtermittel designt. Das biologische Futter ernährt die Tiere oft nicht ausreichend. Bei Hühnern etwa führt dies zur sogenannten „Selbstausbeutung": Die Tiere investieren die verfügbaren Nährstoffe in ihren Fortpflanzungstrieb und verbrauchen den Großteil davon, um Eier zu legen. Die hohe Legeleistung dieser Hybriden verschärft das Problem. Für die Henne selbst bleiben weniger Nährstoffe übrig, was zum körperlichen Abbau führt. Solche Tiere haben oft blasse Schnäbel, trübe Augen und werden leicht krank. Kannibalismus ist eine häufige Folge der nährstofflichen Selbstausbeutung zugunsten des Legetriebes, vor allem bei intensiver biologischer Haltung. „Die Tiere holen sich das Eiweiß dann vom Nachbarn", weiß auch Herr Wehner von der Erzeugergemeinschaft Fürstenhof. Aus diesem Grund läuft in der Großproduktion für Supermärkte und Discounter auf einem Fürstenhof-Betrieb derzeit ein Versuch[9], erzählte mir Herr Wehner:

9 mündliche und schriftliche Mitteilung von Frank Wehner, EZG Fürstenhof, Deutschland. Stand: Dezember 2012

„Wir füttern jetzt einen Teil der Tiere mit 15 Prozent konventionellem Futter, obwohl bei Bio nur 5 Prozent erlaubt sind. Dafür haben wir eine Ausnahmegenehmigung und die Eier aus diesem Versuch werden als konventionelle Freilandeier vermarktet."

Nachdem man also erkannt hat, dass die biologische Fütterung von herkömmlichen Hybridhühnern (mit den erlaubten fünf Prozent konventionellen Futtermitteln) problematisch ist und zu Selbstausbeutung der Tiere und Kannibalismus führen kann, strebt man auf dem Fürstenhof, gestützt durch eigene Versuche, eine Erhöhung der erlaubten Anteile konventioneller Futtermittel in der biologischen Eierproduktion an.

In eine ganz andere Richtung will der von Supermärkten und Discountern unabhängige Carsten Bauck mit seinen mobilen Hühnerställen stoßen: „Wir sind derzeit auch als Demeter-Bauern von degenerierten Hybriden abhängig. Jetzt geht es für mich darum, die Kompromisse rund ums Geflügel zu dezimieren. Wir versuchen, uns auf den weiten Weg der vernünftigen Hühnerhaltung zu begeben und sind dabei ehrlich gesagt noch ganz am Anfang." Für den Einsatz konventioneller Futtermittel im Biobereich, der den Leistungshybriden gerecht werden soll, will er sich keinesfalls aussprechen. „Letztlich möchte ich eine Situation schaffen, in der wir wieder auf reinerbige Zweinutzungshühner zurückgreifen und uns aus der Abhängigkeit der Agrarindustrie befreit haben."

Dies gehe aber nicht ohne eine kritische Öffentlichkeit: „Gegen die falsche Tierglück-Werbemaschinerie kommen wir nicht an. Das Einzige, das wir tun können, ist zu informieren und zu hoffen, dass sich die Information weiterverbreitet. Wir dürfen nichts verstecken, sondern müssen auch die Probleme transparent machen. Es gibt solche und solche Bio-Eier, die Herkunft ist ganz entscheidend."

Wir stimmten darin überein, dass die Verbraucherinnen und Verbraucher gefordert seien, Eigeninitiative zu ergreifen, sich Aufklärung zu verschaffen und gegebenenfalls auch Mehrpreise für ökologisch und ethisch vertretbare Produkte aufzubringen.

Der Ansatz von Carsten Bauck, Probleme der eigenen Produktion publik zu machen und offen zu thematisieren, anstatt sie zu verheimlichen, hebt sich vom Vorgehen der Lebensmittelkonzerne ab, denen es ums gute Image zu gehen scheint. Die Eier der Bio-Marke *Ja!Natürlich* von REWE in Österreich werden in der Werbung sogar als „Eier von überglücklichen Hühnern“[10] angepriesen – trotz der Fließbandproduktion der Hybridküken, der maschinellen Vernichtung der Hähne am Tag der Geburt und der industriellen Schlachtung.

Fast jedes Ei, das wir in Supermärkten und bei Discountern kaufen können, will inzwischen in „artgerechter Haltung“ gelegt worden sein, ob es nun ein Bio-Zeichen trägt oder nicht. In ihrer Bio-Werbung überschlagen sich die Lebensmittelkonzerne regelrecht mit ihren Inszenierungen der „Heile-Bauernwelt-Idylle“, von der in der Realität nicht die geringste Spur zu finden ist.

Die Bio-Industrie und ihre „höchsten Anforderungen“ – Besuch beim deutschen Marktführer für Bio-Eier

In der Nähe von Bassum im deutschen Bundesland Niedersachsen besuchte ich einen Bio-Produktionsbetrieb, in dem ich abermals gute Nerven beweisen musste. Der Standort umfasste, so erfuhr ich, zwei Stallgebäude mit insgesamt 30.000 Tieren, aufgeteilt auf die üblichen Einheiten zu etwa 3.000 Bio-Hennen – alles EU-konform. Es handelte sich um den Legebetrieb von Heinrich Tiemann, dem Gründer und Kopf der *Wiesengold Landei GmbH und Co. KG* in Deutschland, der unter anderen Handelsnamen auch groß im Geschäft mit konventionellen Eiern vertreten ist. Bereits in Mecklenburg-Vorpommern war ich auf Produktionsstandorte gestoßen, die vertraglich für Wiesengold Bio-Eier er-

---

10 wörtliches Zitat aus der Werbung von *Ja!Natürlich* (REWE Österreich), TV-Spot aus dem Jahr 2009, auf dem unternehmenseigenen YouTube-Kanal öffentlich zugänglich (Stand: Februar 2013)

zeugen und oft Zigtausende von Legehennen umfassen: Stalleinheit an Stalleinheit, Halle an Halle. Nun hatte ich die Möglichkeit, einen Wiesengold-Betrieb von innen zu sehen – noch dazu jenen vom Chef.

Heinrich Tiemann empfing mich im schicken Konferenzraum der Firma, wo er mir über den Erfolg seiner Unternehmungen berichtete: Die Wiesengold Landei GmbH und Co. KG ist Marktführer für Bio-Eier in Deutschland und beliefert nahezu alle Supermärkte und Discounter mit Ware, welche das Zertifikat des Bioverbandes *Naturland* trägt[11]. Im Jahr 2010 betrug der Umsatz des Unternehmens stolze 40 Millionen Euro[12].

„Nur durch die ‚Bio-Industrialisierung', also die Herstellung großer Mengen unter Einhaltung höchster Bio-Anforderungen", so steht es im Nachhaltigkeitsbericht 2011 von Wiesengold, „werden Verbraucher auch in Zukunft ihr Frühstücks-Ei in Bio-Qualität zu jedem Zeitpunkt genießen können."

Diese „höchsten Anforderungen" der industrialisierten Bio-Welt wollte ich sehen. Gemeinsam mit Herrn Tiemann machte ich mich auf, exemplarisch einige Standorte in der Region zu besichtigen. Dafür bewegten wir uns zunächst vom Tiemannschen Hauptlager weg. Unter anderem besichtigte ich einen der betriebseigenen Ställe für biologische Masthuhn-Elterntiere der Hybridlinie JA-757, die für das hauseigene Geflügelfleisch-Label *Biofino* gehalten werden und deren Bruteier den Nachschub an Masthuhnküken des Unternehmens sichern.

Als wir in der schicken Firmen-Limousine durch die Agrarlandschaft Niedersachsens rollten, schoss mir plötzlich eine Frage ein, die ich umgehend stellte: „Wieso bewegen wir uns eigentlich von Ihrem Firmensitz weg und sehen uns nicht gleich die Ställe vor Ort an?" Immerhin lebten dort 30.000 Tiere.

---

11 Stand: Oktober 2012

12 Mehr tun, als man tun muss – Nachhaltigkeitsbericht 2011 der Wiesengold Landei GmbH & Co. KG

Elterntierhaltung der Masthuhn-Hybride JA-757 auf dem Biohof Tiemann. Die Haltung der Tiere entspricht den EU-Richtlinien für ökologische Landwirtschaft. Elterntiere leben EU-konform generell ohne jeglichen Grünauslauf – in diesem Fall mit Zertifikat des Naturland-Bioverbandes[13].

Gut, ja, es gäbe dort tatsächlich zwei Hühnerhallen, wurde mir erwidert, und ja, „wir können uns" – nach kurzem Überlegen – „diese Ställe noch ansehen. Aber *nur*, wenn Sie danach auch noch einen anderen Standort begutachten, an dem ich Ihnen zeigen möchte, wie ich mir die optimale Bio-Tierhaltung vorstelle", erwiderte der Marktführer Tiemann.

Ich stimmte zu.

Wir fuhren zurück zum Firmensitz.

Als wir dann die betreffenden Hallen bei Bassum betraten, blieb mir fast der Atem stehen. Ich war mit Tausenden von gestresst wirkenden Bio-Legehennen konfrontiert, die allesamt nackt und teilweise verwundet waren. Die Tiere hatten einander bepickt, waren in desolatem Zustand. Einige flatterten aufgewühlt und orientierungslos in der Halle umher. Andere saßen, offensichtlich krank, im Dämmerzustand am Boden und auf den Gitterrosten. Die Ge-

13 mündliche Mitteilung von Heinrich Tiemann, 5. Oktober 2012

räuschkulisse war ohrenbetäubend und stressgeladen. Diese Eindrücke machten selbst Heinrich Tiemann betroffen: „Auch wir stellen uns Hühnerhaltung so nicht vor", versicherte er mir. Die Eier-Fließbänder waren zu dieser Zeit dennoch im täglichen Einsatz und die Bio-Eier dieser nackten Hennen wurden routinemäßig an die Verbraucherinnen und Verbraucher weitergegeben.

„Wiesengold" stand drauf, nackte und kranke Hühner waren drin – mit Bioverband-Zertifikat. Der Marktführer für Bio-Eier in Deutschland spricht in seinem „Nachhaltigkeitsbericht 2011" von der „Einhaltung höchster Bio-Anforderungen".

Nachdem mich die Ammoniakdämpfe und der stechende Geruch im Stall in die Flucht nach draußen gejagt hatten, machten wir uns auf den Weg, den angekündigten Vorzeigestall der Wiesengold Landei GmbH und Co. KG zu besichtigen, der – so wurde mir versichert – den Idealvorstellungen des Chefs entsprach. Auch dort waren die Tiere in den üblichen EU-konformen Einheiten zu je ungefähr 3.000 untergebracht und es handelte sich, ebenfalls wie üblich, um Hybridhennen *Brown Classic* des Lohmann-Konzerns, die als Küken auf Fließbändern zur Welt gekommen waren, während ihre Brüder maschinell getötet worden waren.

Die Tiere waren an diesem Standort deutlich besser befiedert als die Hennen, die ich zuvor gesehen hatte. Sie waren jünger und hatten einen großen Teil ihrer Bio-Legekarriere noch vor sich. Doch auch sie waren gestresst, die Kommunikation der Hennen untereinander erlosch im unkoordinierten Klangteppich. Ich betrat die erste Stalleinheit, um umgehend in eine Wolke aus Staub eingehüllt zu werden: Die Herde hatte sich nach meinem Eintritt panikartig in Bewegung gesetzt und den gesamten Stall in graue Schleier gehüllt, die mir in der Nase brannten. Dabei hatte ich mir doch Mühe gegeben, mich langsam und vorsichtig zu bewegen.

„So stellen wir uns die ideale Bio-Hennenhaltung vor". Und: „Wir möchten unsere Junghennen in Zukunft gerne selbst großziehen, weil wir glauben, dass wir durch eigene Aufzucht das Problem des Federnkannibalismus in den Griff bekommen werden", erklärte mir Wiesengold-Chef Tiemann und hatte vollkommen recht damit, dass eine der möglichen Ursachen für die gravierenden Störungen des Sozialverhaltens von Legehennen bereits in der Aufzucht der Junghennen zu suchen ist, die meist auf eigenen Aufzuchtbetrieben stattfindet, von denen die Betriebe bedient werden. Dort übrigens leben die Bio-Jungtiere 21 Wochen lang ohne jede

„So stellen wir uns die ideale Bio-Hennenhaltung vor". Vorzeigestandort der Wiesengold Landei GmbH und Co. KG.

Auslaufmöglichkeit. Weitere infrage kommende Störfaktoren, die zu Problemen wie Federnkannibalismus führen können, sind aber auch die intensiven Haltungsbedingungen in den Legebetrieben mit der fehlenden Hackordnung sowie die Ernährungsprobleme, die sich aus dem Einsatz von herkömmlichen Hybridzüchtungen unter nicht-konventionellen Futtermitteln ergeben.

Die Haltungsumstände im gezeigten Vorzeigestall von Wiesengold werden nicht nur vom dortigen Firmenchef als „ideal" eingestuft, sondern waren auch nach den Standards der EU und sogar vom *Bioverband Naturland* zertifiziert, wo der Betrieb Mitglied ist[14]. Von den Erwartungen der Verbraucherinnen und Verbraucher sind solche Betriebsformen vermutlich ebenso weit entfernt wie von den romantischen Bildern aus der Werbung und den Forderungen der Bio-Pionierinnen und Bio-Pioniere.

Die meisten Bio-Verbände betrachten die industrialisierte Produktionskette auch in der Tierhaltung als Gegebenheit der „modernen Landwirtschaft". So schreibt beispielsweise der österreichische Verband *Bio Austria* auf der verbandseigenen Homepage: „Bio Austria bekennt sich zu einer modernen Bio-Landwirtschaft, die als Leitbild für eine Agrarkultur der Zukunft stehen kann."[15] Wie die meisten Verbände, erlaubt auch Bio Austria die Fließbandproduktion von Küken, den Einsatz von Hochleistungszüchtungen und die industrielle Geflügelschlachtung.

Es gibt derzeit keinen Bio-Verband im deutschen Sprachraum, der diese industrielle Praxis im Bio-Bereich konsequent ablehnt. Keine dieser Organisationen unterbindet beispielsweise Kükenfließbänder, maschinelle Kükenvernichtung im hämmernden Akkord oder agrarindustrielle Designerhühner – nicht einmal der Demeter-Verband oder der Bioland-Verband. Und da wie dort werden die Stalleinheiten mit 3.000 Hennen scheinbar als „Notwendigkeit des Marktes" betrachtet und akzeptiert.

14 Stand: Oktober 2012

15 Homepage *Bio Austria*, Stand: Februar 2013

Produktionsketten in der europäischen Geflügelindustrie, konventionell und biologisch

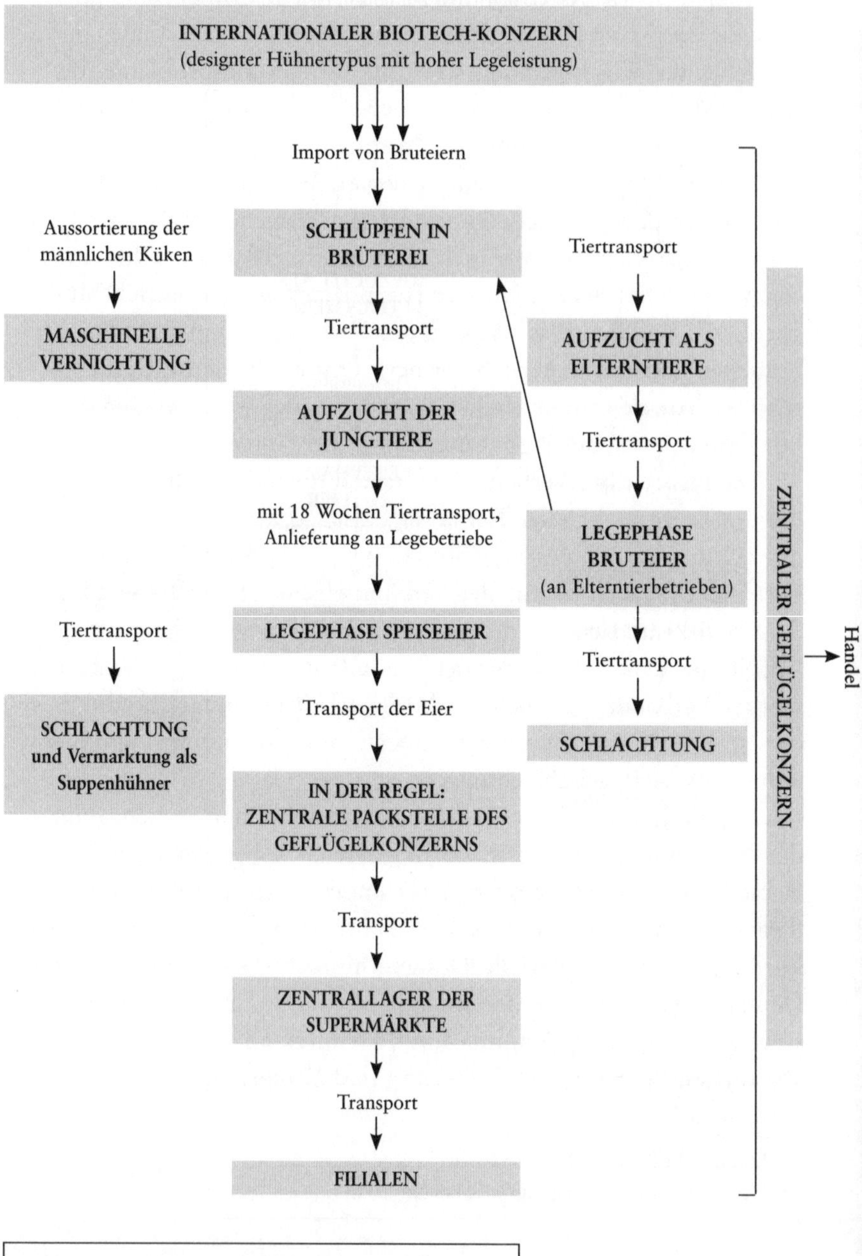

Produktionszyklus für Hühnereier

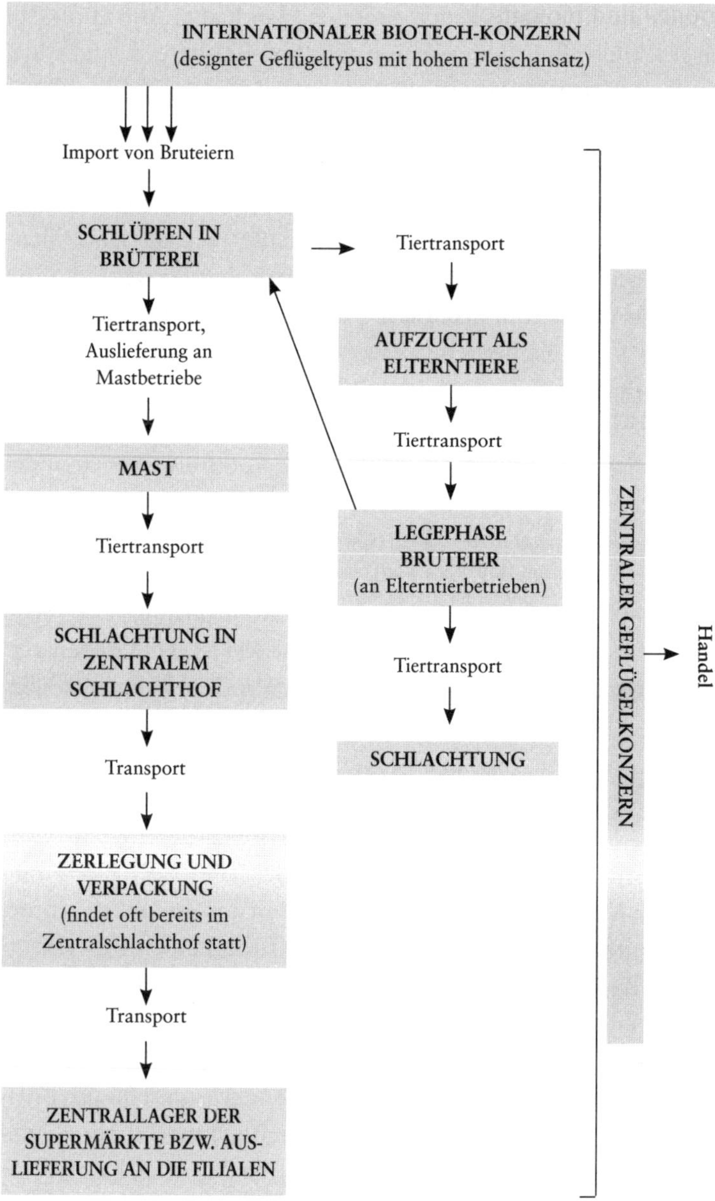

Produktionszyklus für Masthühner und Mastputen

Auch die Kontrolleure haben keine Handhabe: Alle in diesem Buch geschilderten Produktionsumstände im Bio-Bereich sind völlig konform mit den Richtlinien der EU. Auch Federnkannibalismus ist – selbstredend – im Bio-Bereich nicht „verboten“. Wenigstens aber kann festgehalten werden, dass Kannibalismus als Symptom der intensiven (Bio-)Tierhaltung nicht die Regel darstellt.

Hinzu kommt, dass wir es in Deutschland ebenso wie in Österreich mit einem privatwirtschaftlichen Zertifizierungsmarkt zu tun haben. Die Bio-Zertifizierungsunternehmen stehen miteinander in Konkurrenz und die Betriebe, die sie kontrollieren, sind ihre „Kunden“. Produktionsbetriebe können ihre Zertifizierungsstelle wechseln und sich auf dem freien Markt für das eine oder das andere Unternehmen entscheiden. Unangemeldete Kontrollen finden in der Praxis aus organisatorischen Gründen selten statt und häufig sind Bio-Kontrolleurinnen und -Kontrolleure darauf angewiesen, Warenflüsse oder beispielsweise den Einkauf von Betriebsmitteln oder des Tierbestandes lediglich auf dem Papier zu kontrollieren – sie sehen sich dann also die Aufzeichnungen der Betriebe an. Bei Größen von vielen Tausenden von Tieren kann kein Kontrolleur Hühner zählen.

Die „KellyBronze-Pute“ – eine „robuste Rasse“?

Auch eine Hybridpute der Firma *KellyBronze* in England wird uns als „robuste Landrasse“ verhökert. Bei *Ja!Natürlich* aus dem Hause REWE in Österreich wirbt man mit ihr. In einem „Informationsbeitrag“ des Konzerns auf YouTube heißt es gleich zu Beginn: „Bio-Freilandputen, zum Beispiel der Rasse Kelly, lieben die freie Natur.“ Bereits in diesem einen Satz stimmen zwei Dinge nicht. Bei der schwarz gefiederten Pute, die gemeint ist, handelt es sich zunächst einmal um keine Rasse, sondern um eine Hybridzüchtung für den britischen Markt für Weihnachtstruthähne. Diese erreichen geringere Schlachtgewichte, da die Vögel zum Verkauf im Ganzen gedacht sind. Herkömmliche Hybriden hingegen setzen etwa 35 Prozent Brustfleisch an, das zu Filets verarbeitet wird. Der zweite Fehler in der Behauptung von *Ja!Natürlich* liegt in der Namensgebung der angeblichen „Rasse“, die ja keine ist. „Kelly“ (eigentlich: „KellyBronze“) ist nämlich der Name der Zuchtfirma und nicht der Pute. Außerdem halten sich auch diese Tiere mehrheitlich im Stall auf und mit dem Auslauf gibt es ähnliche Probleme wie bei Hühnern, wovon ich mich während meiner Streifzüge durch die Geflügelbranche vielfach überzeugen konnte.

Ich war vor Ort und sah mir die Herkunft der Hybridputen von KellyBronze in England an. [Abb. 11] „Eigentlich sollte man gar nicht von der KellyBronze-Pute sprechen“, erklärte mir der Produktionsleiter. „Denn diese Bezeichnung ist von uns für das Endprodukt, also für den geschlachteten und vermarkteten Weihnachtstruthahn vorgesehen und wird üblicherweise nur geführt, wenn die Vögel in unser Qualitätsmanagementsystem eingebunden sind.“ Wir begaben uns in die hauseigene Brutfabrik, in der die Küken auf Fließbändern zur Welt kommen und automatisch sortiert werden. Fassungsvermögen der Fabrik: 600.000 Puteneier. Wöchentliche „Produktion“: 150.000 Putenküken. Ein Teil der Tiere wird an Vertragsmäster in Großbritannien ausgeliefert, der Rest ist Nachschub für die Anlagen der Firma, in denen die Hybridputen gezüchtet und vermehrt werden. Und weil auch die Putenherden unter der Zuchtherrschaft von KellyBronze nur maximal 5 Prozent Hähne umfassen, werden 95 Prozent der männlichen Küken auf der Fließbandanlage von einem rotierenden Messer automatisch getötet. „Wir nennen das Homogenisierung“, erklärte mir der britische Zuchtexperte.

Die für die Nachzucht vorgesehenen Putenküken gelangen dann in fensterlose Hallen, von denen ich einen Teil besichtigen durfte. Dort werden sogenannte *pure lines* gehalten, die den genetischen Grundstock für die Hybridzucht liefern. Es handelt sich um die am strengsten selektierten Puten der Zuchtlinie. Von den pure lines unterhält man bei KellyBronze sechs verschiedene Gen-Pools, die nur dem Unternehmen selbst bekannt sind. Die Identität dieser Ausgangslinien unterliegt strenger Geheimhaltung, da es für das Geschäft nicht zuträglich wäre, wenn andere Landwirte und Züchter die Hybriden kopieren könnten. Der Großteil der Tiere findet aber als Großeltern- oder Elterntiere Verwendung, dient also der Produktion von Bruteiern bei künstlicher Besamung. Die Puten, die ich bei der Firma KellyBronze gesehen habe, sind also die unmittelbaren *Vorfahren* jener Tiere, die in ganz Europa konventionell oder biologisch gemästet werden. [Abb. 12] Zucht und Vermehrung erfolgen aber ausschließlich konventionell. Dies stellt kein Problem dar, da laut den EU-Richtlinien für biologische Landwirtschaft bis hin zum Eintagsküken konventionell produziert werden darf, selbst wenn daraus eine Bio-Pute wird. (Diese Regelung gilt übrigens auch für Bio-Hühner.)

„Aus hygienischen Gründen“ durfte ich die Stallungen nicht betreten. Ich erfuhr aber, dass die Tiere in den Hallen ohne Tageslicht leben und ihre Legeleistung durch künstliche Lichtprogramme gesteuert wird. Bis die Tiere 18 Wochen alt sind, werden sie jeden Tag 18 Stunden lang beleuchtet. Dann sind sie sexuell entwickelt, würden also laut ihrer biologischen „Uhr“ mit dem Eierlegen beginnen. Dies wird unterdrückt, indem das Lichtprogramm auf täglich acht Stunden reduziert wird. Nach 29 Wochen, wenn die Puten voll ausgewachsen sind, wird der Legetrieb aktiviert: 14 Stunden künstliches Licht pro Tag führen zwei Wochen später zur Entfaltung der vollen Legeleistung. „Sie legen dann Bruteier, bis wir sie töten. Das ist Standard“, erklärte mir der Produktionsleiter von KellyBronze.

Ins Freiland dürfen diese Zuchttiere zeitlebens nicht.

KellyBronze beliefert Vertragsproduzenten der biologischen und konventionellen Putenmast. Einen konventionellen Standort der Firma in England, an dem 9.000 weibliche Freilandputen („free range turkeys“) ohne Hähne leben, durfte ich mir noch ansehen. Wie schon bei Bio-Hühnern stieß ich dort auf wenig „Grünland-Idylle“, dafür aber auf vollgestopfte Hallen, in denen sich der Großteil der Tiere aufhielt. [Abb. 13]

Biobauer Carsten Bauck will aus dem Geschäft mit der Pute aussteigen, da es die Rahmenbedingungen des Marktes seiner Meinung nach derzeit nicht möglich machen, Puten ökologisch und artgerecht zu halten. Auch die Hybridpute von KellyBronze hat ihn nicht überzeugt: „Egal welche Pute man nimmt, die Tiere sind immer auf relativ hohe Brustanteile getrimmt. Puten sind ursprünglich Wüstenrandbewohner aus Nordamerika. In Mitteleuropa ist es im Vergleich dazu feuchter und kühler, das heißt, wir halten sie in klimatisch nicht geeigneten Bedingungen. Und da stellen wir einfach fest, dass wir in fünf Jahren Bio-Putenhaltung sechs Mal Antibiotika einsetzen mussten und die Häufigkeit des Einsatzes ansteigt. Vor einigen Monaten gab es eine Umfrage in der Geflügel-Branche, die ergeben hat, dass etwa 90 Prozent aller Puten im Bio-Bereich mindestens einmal Antibiotika bekommen[16]. Wie läuft es dann erst in der konventionellen Produktion? Mit Puten machen wir höchstens weiter, wenn wir wieder auf extensive Rassen wie die *Cröllwitzer Pute* mit geringeren Brustanteilen zurückgreifen können, die auch auf natürlichem Wege besamt werden kann und wo wir die Hähne gemeinsam mit den Hennen in der Herde leben lassen, anstatt sie als Küken zu töten." Für diese Entwicklung wolle sich Herr Bauck innerhalb des Demeter-Verbandes einsetzen, während er aber fürs Erste eine viel einfachere Lösung parat hätte: „Leute, esst einfach keine Pute!", rief der Geflügelproduzent aus. „Die Pute gehört nicht nach Mitteleuropa, ihr braucht sie nicht für eure Ernährung, das muss nicht sein!"

Konsumentinnen und Konsumenten nehmen Putenfleisch als besonders gesund und ökologisch wertvoll wahr. Tatsächlich hingegen kommen derzeit selbst in der biologischen Großproduktion bei Puten ausschließlich konventionelle Eintagsküken aus nicht-biologischer Herkunft zum Einsatz – stets Hybriden – und auch Bio-Putenhalter müssen immer wieder Antibiotika einsetzen.

16 mündliche Mitteilung durch den Bio-Bauern Carsten Bauck am 21. September 2012.

„Big 6“ und Antibiotika – was steckt im Bio-Putenfleisch?

Ein eklatanter Verstoß gegen die Grundprinzipien der Pioniere der ökologischen Landwirtschaft ist die Tatsache, dass in Europa in der biologischen Putenmast vorwiegend Hybridputen des Typs Big 6 eingesetzt werden, was auch die EU-Richtlinien nicht verbieten. Dabei handelt es sich um Hochleistungszüchtungen der Firma *Aviagen*, die zur PHW-Gruppe Lohmann und Co. AG zählt. Die Tiere werden auch unter dem Namen „B.U.T. 6“ geführt. Im Laufe ihres Wachstums entwickeln die weißen Vögel körperliche Degenerationserscheinungen und können am Ende kaum mehr aufrecht stehen oder laufen, da sie in hohem Maß auf den Ansatz von Brustfleisch gezüchtet sind. Noch dazu werden sie – auch im Biobereich – fast immer gänzlich ohne, manchmal auch mit fünf Prozent Hähnen gehalten, die bereits am Tag ihrer Geburt auf dem Fließband vernichtet werden.

Die Abbildung 14 zeigt Big-6-Puten, die nach den EU-Richtlinien für biologische Landwirtschaft heranwachsen. Das Foto wurde von mir auf dem *Geflügelhof Tiemann* in Niedersachsen aufgenommen. Zum Tiemann-Imperium gehören mehrere konventionelle sowie biologische Handels-Labels für Eier und Geflügelfleisch, wie beispielsweise *BIO-FINO* (Fleisch) und Wiesengold (Eier). Allein bei Bio-Masthähnchen werden dort jede Woche 30.000 bis 40.000 Tiere industriell geschlachtet.

Das biologische Putenfleisch aus dem Hause Tiemann wird unter anderem an die Firma *HIPP Babynahrung*, einen der Hauptabnehmer für Tiemannsches Bio-Geflügelfleisch, abgegeben. Weitere Handelspartner sind EDEKA, REWE, TEGUT, TENGELMANN und DENREE. „Die Mehrzahl unserer Putenherden werden mit Antibiotika behandelt“, erklärte mir Tiemann Junior. Der Betrieb ist durch den Bioverband *Naturland* zertifiziert.[17]

17 Stand: Oktober 2012

III. Lost in the Supermarket

„Solange wir in den Supermarkt gehen,
haben wir keine Hoffnung.“

(Ben Gable, Pflanzengenetiker in Großbritannien)

Im deutschen Lebensmittelhandel werden nur etwa vier Prozent des Umsatzes mit Bio-Produkten gemacht[18], in der Schweiz sind es 4,2 Prozent[19]. Österreich hat den Ruf, eines der führenden „Bio-Länder“ in Europa zu sein. Der Umsatzanteil für Lebensmittel, die nach den Richtlinien des biologischen Landbaus produziert werden, beträgt dort allerdings nicht mehr als 6 Prozent[20]. Führende Supermarktketten im Lande bringen es auf etwa denselben Anteil, was umgekehrt bedeutet, dass in Österreichs Supermarktfilialen mindestens 94 Prozent des Umsatzes – also fast alles – mit konventionellen, das heißt *nicht-biologischen* Waren gemacht wird.

Im Frühjahr 2012 veranstaltete das Wiener Magazin *Bestseller*, eine Zeitschrift für Marketing, Werbung und Medien, eine Konfrontation zwischen dem damaligen Geschäftsführer der *Agrarmarkt Austria Marketing GmbH* (AMA), Dr. Stephan Mikinovic, und mir. In unserem Gespräch behauptete Mikinovic einen Anteil für biologische Lebensmittel von etwa 20 Prozent in Österreich. Es handelte sich meiner Ansicht nach um einen statistischen Taschenspielertrick, den AMA-Vertreter auch in der Öffentlichkeit immer wieder ausspielen, um den Mythos vom „Ökoland“ Österreich aufrechtzuerhalten. Tatsächlich beträgt nämlich lediglich der An-

---

18 Stand: 2011

19 Stand: 2011

20 Stand: 2012

teil von Bio-Eiern hierzulande 20 Prozent, gemessen am Gesamtumsatz mit Eiern. Biologische Eier müssen aber nicht nur zur Imageaufbesserung der Agrarstatistik Österreichs herhalten, sondern stellen neben Milchprodukten auch jene Produktgruppe dar, für die Lebensmittelkonzerne besonders häufig und plakativ die Werbetrommel rühren. Aus diesem Grund war die biologische Eier- und Geflügelindustrie ein wichtiger Dreh- und Angelpunkt in meinen Recherchen. Sie ist nicht nur wirtschaftlich von besonderer Bedeutung, sondern eignet sich auch vorzüglich dazu, einen Überblick der Prinzipien und Kräfte zu verschaffen, die auf dem Bio-Massenmarkt herrschen – auch bei anderen Produktgruppen.

Die Wirtschaftsweisen von Lebensmittelindustrie und -handel führen zu folgenden Rahmenbedingungen, die sowohl in der konventionellen als auch in der biologischen Produktion in allen Produktgruppen wirken:

Der Zwang des Wachsens oder Weichens

Die Betriebe müssen immer größer werden und immer größere Mengen produzieren, sie müssen also „wachsen". Andernfalls können sie auf dem Markt nicht bestehen und müssen „weichen".

Zentralisierung

Es gibt nur wenige Warenumschlagplätze. Aus betriebswirtschaftlichen Gründen bevorzugt der Handel stets eine möglichst geringe Anzahl an Bündelungsstellen, die jeweils möglichst große Warenmengen liefern.

Einheitsproduktion

Die Erzeugnisse müssen uniform sein, wobei sich die Normanforderungen an den Gegebenheiten der Logistik- und Verarbeitungssysteme sowie an konventionellen Marktnormen orientieren, die angeblich vom Verbraucher erwartet werden.

Dauernde Verfügbarkeit

Alles muss zu jeder Jahreszeit verfügbar sein, da der Handel nicht bereit ist, auf Teile des Umsatzes zu verzichten, auch nicht aus ökologischen oder ethisch-sozialen Gründen.

Künstlicher Markt

Durch Werbung und PR werden Mehrkonsum sowie der Konsum unnötiger Lebensmittel gefördert, obwohl wir wissen, dass wir aus ökologischer Sicht und aus der Perspektive der globalen Gerechtigkeit bereits jetzt zu viel konsumieren.

Gezielte Überschussproduktion

Es wird aus marktwirtschaftlichen Gründen stets viel mehr produziert, als gebraucht wird.

Zwang zur Lebensmittelvernichtung

Waren, die den äußeren Normvorgaben nicht entsprechen, werden ebenso aussortiert wie die Waren aus der gezielten Überschussproduktion.

Strategische Verschleierungs- und Verzerrungstendenzen

Werbung und PR dienen nicht der Bereitstellung von Information, sondern ausschließlich dem Imageaufbau und der Förderung des Absatzes. Dabei werden die realen Produktionsumstände bewusst nicht gezeigt, sondern durch inszenierte Werbereize oder strategisch selektierte Ausschnitte der Wirklichkeit ersetzt.

Sinnentleerung der Lebensmittelproduktion

Der Lebensmittelhandel verfolgt nicht das Ziel, die Menschen zu ernähren oder Lebensmittel sinnvoll und nach Bedarf zur Verfügung zu stellen, sondern ausschließlich die Profitmaximierung des jeweiligen Konzerns. Lebensmittel sind aus marktwirtschaftlicher Sicht nur

Kommerzprodukte, während ihre eigentliche Bedeutung – die Grundlage des menschlichen Lebens zu bieten – hinter wirtschaftlichen Zwängen zurücktritt.

Von krummen Dingen

„Mit unserer mitteleuropäischen Wohlstandsgesellschaft,
unserem Überverbrauch und dem Wegschmeißen
von Lebensmitteln erzeugen wir Armut
in den Ländern des Südens."

(Mathias von Mirbach, Bio-Landwirtschaftsmeister am Kattendorfer Hof bei Hamburg)

„Sehr geehrter Herr A.!

Bei unserer heutigen Qualitätskontrolle mussten wir feststellen, dass die grünen Stiele der Karotten, die Sie für unsere Bio-Marke liefern, überwiegend zu lang sind. Ich ersuche Sie, die Karotten besser auszusortieren und nur stiellose oder solche mit knapp abgeschnittenen Stielen zu liefern. Andernfalls müssen wir die betroffenen Chargen wieder zurückschicken lassen."[21]

Ich verrate es nur allzu ungern, aber diese Zeilen verfasste ich selbst im Spätherbst 2010. Ich arbeitete damals bei der *Werner Lampert Beratungsges.m.b.H.* als Qualitätsmanager für die Bio-Marke *Zurück Zum Ursprung* von HOFER (ALDI SÜD in Österreich). Der Leiter unserer Qualitätsabteilung war zu dem Schluss gekommen, dass die von uns stichprobenartig in mehreren HOFER-Filialen vorgefundenen Bio-Karotten nicht unseren Qualitätskriterien entsprachen, weil die grünen Stiele zu lang waren.

21 E-Mail vom November 2010, aus dem Gedächtnis rekonstruiert. Der Wortlaut weicht von der originalen Nachricht ab, ohne dass dabei der Inhalt verfälscht wird.

Mir war die Aufgabe zugeteilt worden, dem Lieferanten deswegen auf die Zehen zu treten.

Dieser – übrigens der Chef eines der größten Bündelungsbetriebe für Gemüse in ganz Österreich, der an alle Supermärkte und Discounter liefert – blieb gelassen. Er schrieb mir zurück, dass es ihm sehr schwer falle, solche Beanstandungen wie jene von mir entgegenzunehmen, wenn sie „von einem gemütlichen und warmen Büroplatz aus gesendet“ würden. Die Karotte sei ein Naturprodukt und bei der Ernte sei es nicht immer möglich, die Stielansätze gänzlich zu kappen. Ein Kürzen im Nachhinein sei ebenfalls nicht realisierbar. Außerdem sei es auch ohne zusätzliche Rücksendungen bereits kaum zu ertragen, wie viel von der Ware er in seiner Firma aufgrund von „Qualitätsvorgaben“ der Supermärkte und Discounter vernichten müsse, ließ mich Herr A. wissen. Und damit meinte er sowohl konventionelles als auch biologisches Gemüse.

Im Rahmen meiner Tätigkeit als Qualitätsmanager im Bio-Bereich wurde mir von Tag zu Tag bewusster, dass unsere Supermärkte und Discounter mit ihren Bio-Marken ebenso Lebensmittelverschwendung betreiben, wie sie es auch aus der konventionellen Produktion gewohnt sind. Bei den Bündelungs- und Zulieferbetrieben der Handelskonzerne stapelten sich tonnenweise Kisten und Container mit konventioneller und biologischer „Ausschussware“. Es waren Kartoffeln, die nicht der Norm entsprachen und zu groß oder zu klein waren, andere waren „unförmig“, wie es die Handelsleute nennen. „Unförmig“ sind beispielsweise Kartoffeln mit Herzform, Karotten, die zu schmal, zu breit, zu kurz oder zu lang sind beziehungsweise manchmal zwei Achsen haben und so weiter. Doch all diese „Ausschussprodukte“ hatten eines gemeinsam: Sie waren zu großen Anteilen völlig in Ordnung. Weder waren sie faul oder schlecht geworden, noch waren sie beschädigt. Man hätte sie jederzeit essen und genießen können. Sie entsprachen aber dennoch nicht den „Qualitätsrichtlinien“ des Lebensmittelhandels.

Am 30. November 2012 strahlte der österreichische Rundfunk (ORF) im Rahmen der Sendung *Am Schauplatz* einen Beitrag zum Thema Lebensmittelverschwendung aus. „Nicht gut genug", so hieß der Titel des Dokumentarfilms. Zu Wort kam unter anderen der Geschäftsführer der *Landesproduktenhandelsgesellschaft* (LAPRO) in Niederösterreich. Auch von dieser Bündelungsstelle aus wird konventionelles und biologisches Feldgemüse aller Art an die Supermärkte und Discounter im ganzen Land sowie teilweise im Ausland verteilt. „Wir erfüllen nur Kundenwünsche", erklärte der Geschäftsführer Erich Kronberger gegenüber den Filmemachern des ORF. Mit „Kunden" waren nicht die Verbraucherinnen und Verbraucher gemeint, sondern die Handelskonzerne. „Wir müssen große Teile unserer Ware aussortieren, obwohl sie eigentlich in Ordnung ist."

Pro Stunde fällt in diesem Betrieb beispielsweise eine ganze Tonne aussortierter Kartoffeln an, das sind 1.000 Kilogramm. Jeden Tag häufen sich 20 Tonnen „Abfallkartoffeln". Bis zu 4.000 Tonnen Kartoffeln, also vier Millionen Kilogramm, werden pro Jahr allein bei der LAPRO aussortiert[22]. Es handelt sich um konventionelle genauso wie um biologische „Abfälle".

Am 7. Dezember 2012 postete eine Facebook-Benutzerin den Link zu dem genannten Dokumentarfilm des ORF auf der Facebook-Seite von *Ja!Natürlich*, der Bio-Marke von REWE in Österreich. Dabei wurde folgende Frage gestellt:

„Wie geht *Ja!Natürlich* mit der Kartoffelernte um? Werden auch bei Ihnen die zu kleinen oder nicht symmetrisch geformten Kartoffeln tonnenweise aussortiert?"

Die Antwort der PR-Mitarbeiterinnen, die im Hause REWE für die Facebook-Seite von *Ja!Natürlich* zuständig sind, enthält eine allgemein gehaltene Zusicherung[23]:

---

22 ORF (Österreichischer Rundfunk), Am Schauplatz: „Nicht gut genug", Sendung vom 30.11.2012

23 Die Möglichkeit, auf der Facebook-Seite von *Ja!Natürlich* (REWE Österreich) zu antworten, blieb mir leider verwehrt, da ich dort ebenso wie bei *Zurück Zum Ursprung* (HOFER/ALDI SÜD in Österreich) als Benutzer gesperrt wurde.

„Der bewusste Umgang mit Lebensmitteln ist für *Ja!Natürlich* und REWE als Lebensmittelhändler grundsätzlich ein wesentlicher Bestandteil der Unternehmensstrategie. Wie hoch der Ausschuss bei Kartoffeln ist, fragen wir gerne bei unserer zuständigen Qualitätsmanagerin nach. Prinzipiell spielt die Minimierung der Lebensmittelabfälle bei *Ja!Natürlich* eine wesentliche Rolle."

Die Angabe der Höhe der Ausschussmengen blieb bis heute aus[24]. De facto kann aber zumindest festgehalten werden, dass der im ORF-Dokumentarfilm gezeigte Betrieb (LAPRO) ein zentraler Zulieferer für den Großteil aller Supermarkt- und Diskontkonzerne in Österreich ist. Auch REWE wird von vergleichbaren Bündelungsfabriken beliefert und selbstverständlich gilt dasselbe auch für deren Bio-Marke *Ja!Natürlich* sowie für zahlreiche andere miteinander konkurrierende Bio-Marken. In all diesen Betrieben stieß ich stets auf dieselben kosmetischen Selektionskriterien für Gemüse und auf ein Ausmaß der Aussortierung, das ich nicht mehr verstehen konnte und wollte.

Die Lebensmittelhandelskonzerne sind also die, deren „Kundenwünsche" durch Bündelungsunternehmen wie die LAPRO erfüllt werden. Den Großteil der „Ausschussware", die ich mir ansah, hätte ich jederzeit und ohne zu zögern gegessen. Mir gefielen die „unförmigen" Kartoffeln sogar außerordentlich gut, ebenso wie die „Übergrößen", aus denen man die schönsten und dicksten Ofenkartoffeln hätte machen können. Milan, ein Gastarbeiter aus der Slowakei[25], war beim Anblick der Tonnen von ausgeschiedenen und entsorgten Zwiebeln entsetzt und aufgeregt: „Da ist gar nichts schlecht an diesen Zwiebeln. Sie sind groß, fest und ganz schön gewachsen. Ich verstehe nicht, warum die Österreicher diese guten Lebensmittel wegwerfen. Anderswo essen die Leute so etwas, das ist perfekt. Selbstverständlich werde ich diese Zwiebeln essen." Milan deutete auf den gigantischen Berg weg-

24 Stand: Februar 2013

25 Quelle: ORF, Am Schauplatz, „Nicht gut genug", 31.11.2012

geworfener Zwiebeln hinter ihm: „Das ist euer größtes Problem in diesem Land. Ich verstehe die Österreicher nicht!“

Ein weiterer Grund für die immer gleichen „Qualitätsnormen“ sind die Maschinen selbst. Wasch-, Sortier- und Packmaschinen sind wichtige Elemente der Lebensmittelindustrie. Um schnell und effektiv zu arbeiten und große Mengen auszuwerfen, brauchen die Fließbandanlagen genormte Ware. Meine Gespräche mit den Produktionsleitern solcher Fabriken haben immer wieder ergeben, dass die sogenannte „Maschinengängigkeit“ bei der Erstellung der Normvorgaben eine wichtige Rolle spielt. Diesen Umstand verdanken wir der immensen Zentralisierung des Lebensmittelmarktes. Im herkömmlichen Handel liefert kein Landwirt mehr direkt, sondern es läuft alles über die großen zentralen Zwischenhandelsfirmen. Ware, die dort aussortiert wird, bekommen die Produzenten nicht verrechnet.

Der österreichische Landwirt Martin Birnstingl blickt auf 20 Jahre Erfahrung als Bio-Apfelbauer in der Steiermark zurück. Auf vier Hektar baut er seit 1993 etwa zehn verschiedene Apfelsorten an. Die Hälfte der Ernte wird zu Saft verarbeitet, der Rest als Tafelobst verkauft, wobei der engagierte Bauer seine Produkte in ganz Österreich persönlich zustellt. Seine Kunden sind Privatpersonen ebenso wie Einkaufsgemeinschaften. Außerdem liefert er an einen Zusteller von biologischen Obst- und Gemüsekisten im Raum Wien. Das war nicht immer so. „Im Jahr 1994 suchten wir für unsere Gruppe von Bauern einen Verkaufskoordinator, der unsere Ware an die Handelsketten BILLA, MERKUR und SPAR vermittelte. Heute gehören BILLA und MERKUR zum REWE-Konzern.“

Das war die Anfangszeit der Bio-Marken *Ja!Natürlich* und *Natur*pur*.

„Wir waren damals extrem verwundert, dass es plötzlich möglich sein sollte, Bioprodukte an Supermärkte zu liefern“, blickte Martin Birnstingl zurück. „Bio war ja damals noch kein Thema. Unser Verkaufskoordinator, der in engem Kontakt mit den Handelsketten stand, erklärte uns, dass die Lebensmittelkonzerne lediglich einen einzigen Grundsatz kennen würden. In ihrem Marketing gehe es nur darum, die Menschen in die Supermärkte zu bekommen. Das Leitmotiv lautet: Wenn wir die Konsumenten erst in unseren Geschäften haben, dann haben wir schon gewonnen." Schon vor 20 Jahren ging es den Lebensmittelkonzernen also vor allem um das Image. Rückblickend gab Martin Birnstingl seine damalige Situation als Bio-Bauer mit folgenden Worten wieder: „Wir wurden als Lockvögel in diese Maschinerie hineingezogen. Ich stieg bereits im zweiten Jahr aus, weil die Situation für mich nicht länger tragbar war."

„Was war passiert?"

„Binnen kürzester Zeit wurden die Normvorgaben für das Aussehen der Äpfel verschärft. Bio-Äpfel mussten plötzlich den kosmetischen Anforderungen von konventioneller Ware entsprechen oder diese sogar übertreffen. Bald ging es los, dass wir ganze Lastwägen an Äpfeln zurückgesandt bekamen, weil das Obst nicht den optischen Vorgaben und den teilweise kaum nachvollziehbaren Lieferkriterien entsprach, obwohl es von bester Qualität war."

Dieses Problem habe sich von Saison zu Saison verschärft, erklärte mir Martin Birnstingl. „Inzwischen müssen die Bio-Apfelbauern, um die kosmetischen Normen der Lebensmittelkonzerne zu erfüllen, auf das volle Programm der im Biolandbau zugelassenen Pflanzenschutzmittel zugreifen. Ansonsten haben sie keine Chance."

„Welches Spritzmittel halten Sie in der Bioproduktion für besonders problematisch?"

„Es gibt – um ein Beispiel herauszugreifen – eine totale Überschwefelung im Bio-Apfelbau. *Schwefel* sowie *Schwefelkalkbrühe* werden gegen Pilzerkrankungen eingesetzt.[26] Die Äpfel dürfen ja nicht den kleinsten Fleck haben, nicht einmal einen Punkt. Um

26 Diese Maßnahmen des Pflanzenschutzes im Apfelbau sind laut EU-Richtlinien für ökologische Landwirtschaft zugelassen und stellen keine Richtlinienverletzung dar.

diese makellose Hochglanzproduktphilosophie erfüllen zu können, ist es in den kritischen Infektionsphasen oftmals nötig, alle drei bis vier Tage eine Spritzung durchzuführen. Da verwundert es kaum, dass empfindliche Menschen oft sogar beim Biss in einen Bio-Apfel eine Reizung der Mundschleimhäute spüren. Das kann richtig brennen. Die Spritzmittel für den Bio-Obstbau werden jetzt von denselben Pharmakonzernen vermarktet, die auch hinter den konventionellen Pestiziden stecken. All diese Vorgänge entsprechen aber dem eigens erstellten Betriebsmittelkatalog für den Bio-Landbau und werden von den Bio-Kontrollfirmen mitgetragen und abgesichert."

Da die rein kosmetischen „Qualitätsvorgaben" für ihn nichts mit dem tatsächlichen Wert des Obstes zu tun haben, sondern – ganz im Gegenteil – der Qualität sogar zuwiderlaufen, ist Martin Birnstingl mit seiner Entscheidung, nicht mehr an Handelsketten zu liefern, bis zum heutigen Tag zufrieden. Im Februar 2012 lieferte er ausnahmsweise eine Charge von mehreren Tonnen Idared-Äpfeln an den Discounter LIDL in Österreich. Die gesamte Warenmenge wurde wieder zurückgeschickt und nicht bezahlt. Der Grund: Beim Festigkeitstest erreichten die Äpfel nicht den Mindestwert laut Standardkatalog für die Qualitätsrichtlinien des Discounters. „Aber diese Vorgaben betreffend die Festigkeit sind nur nach den Interessen der großen Obstlagerhalter erstellt. Meine Äpfel waren von bester Qualität. Ich hatte sie bis in den Herbst hinein auf den Bäumen ausreifen lassen, wodurch sie einen sensationellen, süßen Geschmack hatten. Sie waren saftig und tiefrot gefärbt. Die Supermärkte bevorzugen Äpfel, die nicht ausgereift sind. Nachdem das Fruchtfleisch sehr fest sein muss, um die aus wirtschaftlicher Sicht besten Lagerungserfolge zu erzielen, fallen alle Äpfel, die am Baum ausgereift sind, auch bei Bio durch den Rost. Deswegen reißen die Bauern das Obst vorzeitig von den Ästen, um die Kriterien der Konzerne zu erfüllen. Da wollte ich nicht mitspielen und prompt schickte mir LIDL die reifen, geschmackvollen Äpfel als ‚qualitativ unzureichend' zurück."

Bei Obst werden die Supermärkte und Discounter ebenso wie bei Gemüse und anderen Produktgruppen ausschließlich von Zwischenhandelspartnern beliefert, an die die Landwirte ihre Erzeugnisse abgeben. Im Fall von Obst und Gemüse ist auch von „Lagerhaltern“ die Rede. Bio-Apfelbauer Martin Birnstingl bemängelte in unserem Gespräch nicht nur, dass von diesen Unternehmen im Auftrag der Lebensmittelkonzerne Unmengen von Ware, die er für erstklassig hält, aussortiert werden, sondern auch, dass die Endabrechnung mit den Bauern immer erst circa ein Jahr nach der Ernte erfolgt. Die Zeitspanne zwischen dem Betriebsmitteleinkauf für eine Saison und dem finanziellen Rückfluss aus dem Warenerlös beträgt somit oftmals 18 Monate.

„Besonders dramatisch für die Bauern ist“, bemängelte Martin Birnstingl, „dass sie also stets erst im darauffolgenden Jahr erfahren, wie viel sie für ihre Ware ausbezahlt bekommen. Die Preise werden aber erst nach Absprache der Obstlagerhalter untereinander festgelegt. Wenn ein Bauer einen Vorschuss – eine sogenannte Akontozahlung – erhalten hat und dann im Nachhinein sehr niedrige Preise ausgehandelt werden, kann es passieren, dass dieser Bauer plötzlich Schulden beim Obstlagerhalter hat.“

Eines wollte der steirische Obstbauer unbedingt noch loswerden: „Ich will mich als Bio-Bauer auf keinen Fall als Opfer darstellen, sondern ich hoffe, dass sich auch durch meine Aussagen Impulse für Veränderung ergeben. Ich sehe eine Chance auf Bewusstseinsbildung und das Mündigwerden der Konsumenten.“

Die massenhafte Vernichtung konventioneller sowie biologischer Lebensmittel durch die Handelskonzerne ist natürlich kein österreichisches Problem, sondern ist in Deutschland, in der Schweiz sowie in anderen europäischen Ländern anzutreffen. Nahe der kleinen Ortschaft Lampeter im Südwesten von Wales, in Großbritannien, traf ich den Farmer Sam Holden auf einer seiner Kuhweiden. Sam ist Bio-Bauer, hält auf etwa 50 Hektar Grünland 65 Milchkühe und stellt traditionellen Cheddar-Käse her. Das war nicht immer so. [Abb. 15]

Sam Holden: Wir produzieren unseren biologischen Cheddar-Käse erst seit 2007. Davor erzeugten wir seit den frühen 1980er-Jahren vor allem Bio-Karotten, zuerst für den regionalen Markt. Aber nachdem die Supermärkte in den Bio-Markt eingestiegen waren, verkauften wir immer mehr unserer Ware an diese Konzerne. Je größer das Bio-Sortiment der Supermärkte wurde, desto mehr Bio-Läden mussten schließen, sodass wir immer tiefer in die Abhängigkeit von Supermärkten schlitterten. In den Jahren 2005 und 2006 wurden die Probleme besonders groß.

Clemens G. Arvay: Was passierte damals?

Sam Holden: Wir verkauften unsere Karotten an SAINSBURY'S und hatten auf gewisse Weise sogar Glück. Wir konnten es nämlich durchsetzen, dass auf den Verpackungen der Name unserer Farm ausgewiesen wurde. Den Verantwortlichen der SAINSBURY'S-Supermärkte gefiel das, denn sie wollten die Geschichte der regionalen, kleinstrukturierten Landwirtschaft erzählen. Unsere walisischen Karotten wurden nur in walisischen Filialen verkauft und SAINSBURY'S machte eine große Story daraus. Aber was sie den Konsumenten nicht verrieten, war die Tatsache, dass unsere Karotten, bevor sie in den Regalen landeten, zuerst ans andere Ende von Großbritannien transportiert wurden, wo sich die zentrale Wasch- und Verpackungsfabrik befand. Unsere Karotten legten also tausend Kilometer zurück, um dann wieder hier in Wales zu landen – oft sogar in Filialen, die nur wenige Kilometer von unserer Farm entfernt lagen.

Clemens G. Arvay: Welche Bedeutung hatte diese Prozedur für Sie als Bauer?

Sam Holden: Unsere „regionalen" Karotten wurden nicht nur tausend Kilometer transportiert, sondern auch in riesigen Anlagen zu großen Mengen gewaschen. Dabei büßten sie ihre Haltbarkeit im Regal ein. [Anmerkung: In solchen Bündelungsbetrieben wird die schützende Wachsschicht, die sogenannte Kutikula, aus rein kosmetischen Gründen abgeschliffen, was die Haltbarkeit der orangen Wurzeln stark beeinträchtigt. Auch das ist überall in Europa Standard.] SAINSBURY'S wälzte dann die Ausfälle finanziell auf uns ab. Die Ware wurde uns nicht verrechnet und wir mussten die Konsequenzen davon tragen, dass sie so viele Karotten wegwerfen mussten. Bereits bei uns auf dem Acker mussten wir 20 Prozent der Ernte aussortieren und liegen lassen. Es war erstklassige Ware, die aber den kosmetischen Vorgaben von SAINSBURY'S nicht entsprach. Wir mussten also Karotten von bester Qualität einfach ausschießen. In der Sortier- und Packstelle des Konzerns wurden weitere Karotten aussortiert. Es war eine riesengroße Verschwendung! Die Sache funktionierte für uns überhaupt nicht, weshalb wir mit dem Anbau von Karotten wieder aufhörten.

Clemens G. Arvay: Was sind Ihrer Meinung nach die Gründe, weshalb Supermarktkonzerne wie SAINSBURY'S Regionalität verkaufen möchten? Sind sie wirklich an Nachhaltigkeit interessiert oder geht es ihnen eher ums Image?

Sam Holden: Es ist kompliziert. Es gibt sicher Leute in Supermarktkonzernen, die glauben, sie geben den Kunden, was diese wollen, und die für die vielen „Sünden" der Lebensmittelindustrie die Verbraucher selbst verantwortlich machen. Man könnte ja argumentieren, dass die Konsumenten schuld sind, denn diese wollen billige Lebensmittel. Es gibt dabei aber einen Graubereich: Die Supermarktkonzerne spielen den Kunden vor, dass sie bekommen, was sie wollen. Sie behaupten zum Beispiel, ein Lebensmittel sei regional produziert und man unterstütze mit dem Kauf die kleinen Bauernhöfe. Wenn man aber genauer nachforscht, ist das nicht der Fall. Sobald man an der Oberfläche kratzt, stellt man fest: Kleinstrukturierte Betriebe werden nicht unterstützt. Sie machen – wenn überhaupt – nur winzige Anteile der Produktionsmengen aus. Das ist eine Art Greenwash. In Supermärkten wird den Verbrauchern weisgemacht, sie bekämen, was sie wollen. Aber es ist alles nur Fassade.

Clemens G. Arvay: Roger Waite, Pressesprecher des EU-Agrarkommissars, glaubt nicht daran, dass die Verbraucher nur kosmetisch perfekt genormte Ware kaufen würden. Am Beispiel der Gurken argumentiert er: „In der Praxis wollen die Supermärkte keine krummen Gurken, weil sie nicht in die Kisten passen.“[27] Die Handelskonzerne schieben die Verantwortung aber auf ihre Kunden. Glauben Sie, Sam, dass die Konsumenten im Supermarkt wirklich keine Karotten kaufen würden, die nicht kosmetisch perfekt oder nicht normgemäß geformt sind?

Sam Holden: Natürlich würden sie auch andere Karotten kaufen. Das ist doch nur eine Frage der Information und Bewusstseinsbildung.

Ist die EU schuld?

Wichtig ist, festzuhalten, dass es sich bei den Normzwängen, die zu der großen Verschwendung genusstauglicher Lebensmittel führen, nicht etwa um EU-Vorgaben handelt. Das Gerücht hat sich gehalten, die Europäische Union schreibe den Lebensmittelkonzernen beispielsweise vor, Gurken ab einer gewissen Krümmung entsorgen zu müssen. Doch das ist ein Märchen. Stefan Kreutzberger und Valentin Thurn fragten für ihr Buch „Die Essensvernichter“ direkt bei der EU nach. Ihr Gesprächspartner war Roger Waite, Pressesprecher des EU-Agrarkommissars.

---

27 Kreutzberger Stefan, Thurn Valentin, Die Essensvernichter, S. 46, Kiepenheuer & Witsch, Köln, 2011

„Immer wieder die alte Geschichte von der krummen Gurke“, antwortete Waite. „Der Punkt dabei ist: Die EU-Kommission hatte die Gurkenrichtlinie nur deswegen erlassen, weil der Handel gerade Gurken wollte, die einfacher zu verpacken sind.“ Gerade Gurken lassen sich besser aneinanderschlichten, sodass man pro Kiste oder pro Lastkraftwagen größere Mengen unterbringen kann und sich die Lager mit einer höheren Anzahl Gurken anfüllen lassen, als dies bei gekrümmten Gurken der Fall wäre. Zwanzig Jahre lang war es also tatsächlich vorgeschrieben, dass Gurken auf zehn Zentimeter Länge maximal einen Zentimeter Krümmung aufweisen durften. „Im Juli 2009 haben wir die Richtlinie geändert“, fuhr Roger Waite fort. „Wenn heute jemand krumme Gurken verkaufen will, dann wird die EU nicht sagen: Nein, Du darfst das nicht.“[28]

Gleichzeitig wurden die Vermarktungsnormen für 26 Obst- und Gemüsearten gestrichen. Es gibt seither zum Beispiel für Karotten keine zwingenden Normvorgaben der EU, die etwa den Verkauf von zweiachsigen Exemplaren, von größeren oder kleineren, verbieten würden. Dasselbe gilt für andere gängige Obst- und Gemüsearten. Es gibt keinen Zwang zur Lebensmittelvernichtung, der politisch durch die EU vorgeschrieben wäre, sondern die Lebensmittelkonzerne treffen tagaus, tagein aus eigener Verantwortung die Entscheidung zur Essensvernichtung aus rein marktstrategischen Gründen – in der biologischen Produktion ebenso wie in der konventionellen.

Lediglich bei ein paar Produktgruppen wie Äpfeln hat die EU noch immer ihre Finger im Spiel: Solche mit weniger als sechs Zentimeter Durchmesser dürfen nicht als Speiseobst verkauft werden und auch die Färbung der Schale muss je nach Sorte bestimmte Normen erfüllen[29].

---

28 Kreutzberger Stefan, Thurn Valentin, Die Essensvernichter, S. 45, Kiepenheuer & Witsch, Köln, 2011

29 Kreutzberger Stefan, Thurn Valentin, Die Essensvernichter, S. 46, Kiepenheuer & Witsch, Köln, 2011

Wie die Lebensmittelkonzerne ein Menschheitserbe aufs Spiel setzen

„Die Kinder werden nicht mehr wissen,
wie eine Tomate geschmeckt hat, oder ein Apfel.
Alles wird anders schmecken.“

(Karl Otrok, ehemaliger Produktionsdirektor
beim Saatgutkonzern Pioneer)

Als ich im Jahr 2011 Bio-Tomaten der österreichischen REWE-Eigenmarke *Ja!Natürlich* zurückverfolgte, stieß ich auf Tomatenkulturen, die aus konventionellem, also nicht-biologischem Hybridsaatgut gezogen wurden, das aus dem Hause *Monsanto* stammte[30]. Dies ist kein Einzelfall. Um den Anforderungen der Industrie gerecht zu werden, hat die EU ein Schlupfloch eröffnet, das vor allem von Großproduzenten rege genutzt wird. Wenn eine bestimmte Pflanzensorte nicht als Bio-Saatgut erhältlich ist, darf auch in der ökologischen Produktion auf herkömmliches, konventionelles Saatgut zurückgegriffen werden[31], solange nicht die Samen selbst mit im Biolandbau verbotenen Chemikalien gebeizt wurden. Viele Produzenten, die den Ertrags- und Mengenforderungen der Lebensmittelkonzerne gerecht werden müssen, sehen keine andere Möglichkeit, als dieses Schlupfloch auszureizen. So kommt es vor, dass konventionelles Saatgut für die biologische Produktion auch von international in die Schlagzeilen geratenen Agrarkonzernen geliefert wird.

Abgesehen davon, dass auch Bio-Gemüse im Supermarkt häufig aus konventionellem Saatgut gezogen wird, ist festzuhalten,

---

30 Arvay Clemens G., Der große Bio-Schmäh – Wie uns die Lebensmittelkonzerne an der Nase herumführen, S. 179, Verlag Carl Ueberreuter, Wien, 2012

31 Für diese Maßnahme erteilen die Kontrollstellen und Bioverbände Ausnahmegenehmigungen. Der Einsatz von konventionellem Saatgut ist also kein Verstoß gegen die EU-Biorichtlinien.

dass es sich in nahezu jedem Fall um Hybridsaatgut handelt – auch wenn dieses aus biologischer Produktion stammen sollte.

Als problematisch daran ist nicht die Tatsache einzuschätzen, dass im Biobereich Hybridsaatgut grundsätzlich eingesetzt wird, sondern dass die Rahmenbedingungen des Marktes zu einer Situation führen, in der auch Bio-Produzenten *fast ausschließlich* auf solche Hybriden zurückgreifen müssen, um bestehen zu können. Die einstige Forderung der Pioniere des Ökolandbaus, wieder auf reinerbige, standortangepasste Sorten zurückzugreifen, ist heute im biologischen Pflanzenbau ebenso wenig erfüllt wie in der biologischen Tierhaltung die Forderung, von Leistungshybriden Abstand zu nehmen.

Dabei hat die Menschheit in ihrer Jahrtausende langen Agrargeschichte eine Vielfalt von fast 5.000 Kulturpflanzenarten hervorgebracht, von denen jede einzelne meist mehrere, oft Hunderte bis Tausende unterschiedlicher Sorten umfasst. Allein von der Tomate, deren botanische Artbezeichnung *Solanum lycopersicum* lautet, sind mehrere tausend bekannt.

Solche *samenfesten* Sorten sind nicht nur als hoch gefährdetes kulturelles Menschheitserbe einzustufen, sondern würden – wenn man ihnen wieder eine Chance gäbe – auch dazu führen, dass Bauern und Züchter die Souveränität über ihr Saatgut zurückerlangen würden. Im Gegensatz zu Hybriden lassen sich solche reinerbigen Sorten nämlich weiterzüchten und an den jeweiligen Standort anpassen. [Abb. 16] Hybriden hingegen sind – das gilt für Pflanzen ebenso wie für Tiere – biologisch degeneriert und müssen jedes Jahr neu bei dem jeweiligen Konzern eingekauft werden.

Der britische Pflanzengenetiker Ben Gable [Abb. 17] hat es sich zur Aufgabe gemacht, einen Beitrag zum Erhalt der biokulturellen Vielfalt samenfester Gemüsesorten zu leisten. In West-Wales hat er ein eigenes Saatgutunternehmen namens *Real Seeds* gegründet, in dem er in Zusammenarbeit mit Bauern aus der Region nicht nur Erhaltungszüchtung betreibt, sondern die wertvollen alten Sorten auch weiterentwickelt und an die regionalen Standorte anpasst.

Während meines Besuches in Wales traf ich den engagierten Wissenschaftler und Praktiker, der an der Universität Cambridge Pflanzenwissenschaften (Plant Science) studiert hatte. In unserem Gespräch, das an einem gemütlichen Kaminfeuer in einem alten walisischen Bauernhaus stattfand, legte er offen, weshalb er dem allgemeinen Trend der Hybridzüchtung skeptisch gegenübersteht und welche gesellschaftlichen Gefahren davon ausgehen.

Ben Gable: Die Menschheit betreibt als Spezies seit 11.000 Jahren Landwirtschaft. [Ben Gable drehte sich um und deutete in Richtung der Hauswand.] Würden wir die 11.000 Jahre als Strecke darstellen, dann wäre der Anfangspunkt irgendwo da draußen hinter dieser Wand, die Forststraße hinauf, über die Felder, dort oben auf dem Hügel. Seit diesem Punkt hoben die Menschen Jahr für Jahr Samen auf und verbesserten die jeweiligen Sorten durch Selektion auf Basis der Arbeit ihrer Vorfahren. Dabei passten sich die Pflanzen an die regionalen Böden an, entwickelten unterschiedliche Geschmacksrichtungen und wurden entsprechend den Bedürfnissen der jeweiligen Kultur und deren Art zu kochen adaptiert. So trug jede Generation zur Verbesserung und weiteren Anpassung der Sorten bei. Wenn wir uns dann weiter bewegen zum Bronzezeitalter, das auf unserer imaginären Strecke vielleicht dort draußen auf dem Parkplatz vor der Hofeinfahrt liegt, waren an diesem Punkt die wichtigsten Gemüsearten bereits domestiziert und es existierten zahlreiche Varietäten, die als Vorläufer unserer heutigen Sorten zu betrachten sind.

Clemens G. Arvay: Es war wie ein durchgehender Entwicklungsstrom, der nie abriss. Irgendwann muss sich das aber geändert haben.

Ben Gable: Bewegen wir uns auf der vorgestellten Strecke weiter herunter, bis zur modernen Zeit. [Ben Gable vollzog mit seiner rechten Hand eine ausholende Bewegung in die Richtung des Parkplatzes vor dem Haus und führte seine Hände dann ganz nah aneinander.] Wenn meine linke Hand die Gegenwart anzeigt, dann stellt meine rechte den Zeitpunkt für ein einschneidendes Ereignis dar: Im 20. Jahrhundert erfanden wir Hybridsaatgut zur Ertragssteigerung. In den 1960er-Jahren wurden die ersten kommerziellen Mais-Hybriden in Umlauf gebracht. Und an diesem Punkt sagten wir plötzlich: Nun, wir brechen die Entwicklung ab, wir bleiben bei dem, was wir derzeit haben.

Clemens G. Arvay: Hybriden können sich nicht mehr reinerbig fortpflanzen, wodurch der traditionelle Entwicklungsstrom der Pflanzenzucht abgebrochen wird. Vertreter der Agrarindustrie würden aber vermutlich argumentieren, dass sie gerade durch Hybridtechnologie erst die rasanten Verbesserungen gebracht haben, welche die Wirtschaft braucht.

Ben Gable: Saatgutkonzerne lieben Hybridsaatgut, weil niemand außer ihnen weiß, aus welchen Eltern- und Großelternpflanzen die Laborlinien entstehen. Also kann nur der Konzern die jeweilige Hybride reproduzieren. Die Bauern können die Samen nicht mehr selbst gewinnen und wenn sie es doch versuchen würden, dann käme in der nächsten Generation ein unbrauchbares Mischmasch verschiedener Formen heraus. Worin soll da die Verbesserung bestehen?

Der Grund für die biologische Degeneration der Pflanzen ist der, dass Hybriden durch die Kreuzung von zwei sehr unterschiedlichen Inzuchtlinien entstehen. Es handelt sich um genetisch völlig verarmte Elternpflanzen. Wenn diese gekreuzt werden, um eine F1-Hybride zu produzieren, vermischt sich das degenerierte Genmaterial. [Anmerkung: „F1" ist nach Gregor Mendel die Bezeichnung für die „erste Filialgeneration", also die erste Generation nach der Kreuzung der Eltern.]

Da die Elternpflanzen aber genetisch so unterschiedlich sind, dass sie in der Natur niemals Nachkommen miteinander haben könnten, kommt es in der F1-Generation zum sogenannten

Heterosiseffekt. Die Hybriden haben dann für eine Generation besondere Eigenschaften, wie zum Beispiel hohe Erträge. Daher kommt das Märchen der angeblichen Vitalität von F1-Hybriden. Sie bringen einfach einen hohen Ertrag. Aber sie sind in keinster Weise *besser*, als es eine reinerbige Sorte wäre. Das ist biologisch unmöglich – ich sage das als Pflanzengenetiker: Hybriden stammen von degenerierten Inzuchtlinien ab, sie können nicht *besser* sein als eine samenfeste Varietät. Sie haben Unmengen an schlechten Genen in sich. Würde man versuchen, Samen von F1-Hybriden wieder zu verwenden – zum Beispiel von Kürbissen –, kämen in der nächsten Generation verschiedene unbrauchbare Pflanzen heraus: Solche mit winzigen, bitteren Früchten oder mit riesigen, schwammigen Kürbissen. Wieder andere würden sofort absterben, wenn sie einmal ein bisschen Regen abbekommen. Die biologische Degeneration dieser Hybridlinien wäre sofort sichtbar.

Clemens G. Arvay: Weshalb glauben dann die meisten Produzenten, mit samenfesten Sorten auf dem Markt nicht bestehen zu können, sondern nur mit Hybriden?

Ben Gable: Der Grund, warum Hybriden ertragreicher erscheinen, ist, dass samenfeste Sorten seit Jahrzehnten nicht mehr erhalten und weitergezüchtet werden. Sie wurden vom Markt verdrängt und vernachlässigt. Deswegen engagiere ich mich dafür, den genetischen Schatz der Sortenvielfalt wieder zu aktivieren. Wir brauchen Sorten, die biologisch stabil sind und sich an ihre Standorte anpassen können.

Clemens G. Arvay: Worin liegt die Gefahr von F1-Hybridsaatgut für unsere Lebensmittelsicherheit?

Ben Gable: Ich habe ja schon darüber gesprochen, wie sich die Sortenvielfalt im Laufe der Jahrtausende entwickelte, indem Bauern Jahr für Jahr das Saatgut gewannen und weiterzüchteten – wie sich also unsere Kulturpflanzen in einer Art Evolutionsprozess immer weiter verbesserten und an unsere Bedürfnisse anpassten. Die Hybridtechnologie stoppt diese Entwicklung plötzlich. Jede Hybridpflanze einer bestimmten Linie ist absolut identisch mit jeder anderen aus derselben Linie. Sie sind untereinander alle Klone. Das führt zu zwei Problemen.

Das erste Problem hat etwas mit der Anpassung an den Raum zu tun: Wir verwenden all die genetisch identischen Samen ein und derselben Hybridlinie in verschiedenen Klimazonen und auf verschiedenen Böden in ganz Europa oder auf der gesamten Erde. Diese stets identischen Samen bringen aber nur dann optimale Erträge, wenn sie auch unter identischen Bedingungen angebaut werden. Wir müssen also Unmengen an fossilen Brennstoffen einsetzen, um überall auf der Erde diese Bedingungen für die Pflanzen zu schaffen: Wir verwenden Bodenverbesserer, Düngemittel und bearbeiten den Boden intensiv. Häufig müssen wir Plastikfolien über die Kulturen spannen, um sie warm zu halten und zu schützen. Wir verwenden Pflanzenschutzmittel, seien es nun konventionelle oder solche, die im biologischen Landbau zugelassen sind. Auch Biolandbau kann sehr erdölintensiv und industriell sein. Und wir tun das alles, um für die standardisierten Hybridpflanzen standardisierte Wachstumsbedingungen zu schaffen. Es gibt für Hybridzüchtungen also keine räumliche Variabilität und Anpassung. Das wird noch ein großes Problem werden, wenn uns die fossilen Brennstoffe für diese energieintensive Landwirtschaft eines Tages nicht mehr zur Verfügung stehen. Dann werden wir Sorten brauchen, die an die Verschiedenartigkeit der Standorte angepasst sind.

Das zweite große Problem mit Hybridsaatgut ist, dass wir die Entwicklung der Pflanzenzucht an einem bestimmten zeitlichen Punkt unterbrochen und eingefroren haben. Wir verwenden jedes Jahr dieselben Inzucht-Elternlinien, um Jahr für

Jahr dasselbe, genetisch identische Hybridsaatgut zu produzieren. Manche dieser Zuchtlinien haben sich seit Jahrzehnten nicht weiterentwickelt. Wir haben also nicht nur die Möglichkeit verspielt, unsere Kulturpflanzen an ihre Standorte anzupassen, sondern wir haben auch die Entwicklung der Sorten entlang der Zeitachse gestoppt. Wenn sich das Klima verändert, was sehr wahrscheinlich ist, können sich Hybridpflanzen auch im Laufe der Zeit nicht an die veränderten Bedingungen anpassen. Und das ist einfach verrückt und gefährlich. Immerhin geht es um unsere Nahrung, die wir brauchen, um am Leben zu bleiben. Das Klima wird sich ändern, ganz egal, ob dies nun rasch oder schleichend passieren wird.

Clemens G. Arvay: Samenfeste, reinerbige Sorten sind also wichtig für die Ernährungssicherheit der Menschen. Gibt es außerdem noch etwas, das wir durch ihre Verdrängung aufs Spiel setzen?

Ben Gable: Wir haben diesen riesengroßen Erfahrungsschatz von Menschen, die in den vergangenen Jahrtausenden Pflanzenzucht betrieben haben. Jede Generation hat die Vorarbeit der vorangegangenen Generationen fortgesetzt. Da hat sich wertvolles Wissen, hat sich ein immenser Erfahrungsschatz gebildet. Die Kulturpflanzen sind Teil eines großen Menschheitserbes. Und jetzt plötzlich sagen wir: „Wisst ihr was? Vergessen wir das alles, das bringt uns doch wirtschaftlich nicht weiter. Machen wir ein paar Hybriden, mit denen sich viel Geld verdienen lässt, und wenden wir Unmengen an fossilen Brennstoffen auf, um sie zum Wachsen zu bringen. Verkaufen wir sie im Supermarkt und machen wir uns keine weiteren Gedanken."

Clemens G. Arvay: Haben wir Hoffnung, dass die Manager der Supermärkte und Lebensmittelkonzerne diese Gefahr ernst nehmen und umdenken werden?

Ben Gable: Supermärkte sind die absolute Verdichtung des Problems, über das ich gesprochen habe. Sie sind mit ihrer Wirtschaftspolitik die Verursacher der Misere. Wenn Menschen im Supermarkt zum Beispiel Bio-Produkte kaufen, dann frage ich mich oft: „Was tut Ihr überhaupt in einem solchen Laden, wenn Euch ökologischer Landbau wichtig ist?"
Die Lösung muss sein, wieder regionale Strukturen aufzubauen, wo gänzlich anders gewirtschaftet werden kann. Wir brauchen ein neues Denken in der Landwirtschaft, eine angemessene Form der Bewirtschaftung. Aber wir müssen, meiner Meinung nach, damit anfangen, nicht mehr im Supermarkt einzukaufen. Solange wir in den Supermarkt gehen, haben wir keine Hoffnung.

Clemens G. Arvay: Gibt es aus Ihrer Sicht auch etwas Positives an Supermärkten?

Ben Gable: Es gibt zwei gute Dinge über Supermärkte zu sagen.
Erstens: Bald – vielleicht sogar noch innerhalb meiner eigenen Lebenszeit und spätestens in geschätzten 200 Jahren – wird es keine Supermärkte mehr geben, zumindest nicht in der Form, in der wir sie heute kennen. Denn die zentralistische Verteilungskette wird bald nicht mehr aufrechtzuerhalten sein, zum Beispiel, wenn Erdöl immer teurer wird. Die immens energieaufwendige Wirtschaftsweise der Supermärkte wird also nicht für immer finanziert werden können und die Konzerne werden zu einem massiven Umdenken gezwungen werden.
Zweitens: Obwohl es schrecklich ist, wie Supermarktkonzerne beispielsweise ihre Bio-Produkte unter dem „grünen Mäntelchen" anpreisen, ohne dass diese wirklich nachhaltig oder ökologisch produziert werden, sondern bestenfalls „formal biologisch" sind, sollten wir froh sein, dass sie inzwischen auch Erzeugnisse anbieten, die etwas besser als die konventi-

onellen sind. Durch den Bio-Boom der Lebensmittelkonzerne haben wir nun eine Situation, in der die biologische Landwirtschaft zu einem gesellschaftlichen Thema geworden ist. Es gibt die Aufmerksamkeit, mit der wir arbeiten können. Jetzt ist es an der Zeit, Information anzubieten, um Bewusstsein für ökologische Lebensmittel zu schaffen. Der nächste Schritt könnte schon sein, dass immer mehr Menschen aufhören, im Supermarkt einzukaufen und stattdessen Alternativen unterstützen oder sogar mit aufbauen.

An der Nase herumgeführt

Dieser Bewusstwerdung der Konsumenten steht derzeit noch eine übermächtige Werbemaschinerie der Konzerne gegenüber, die falsche Bilder unserer Lebensmittelproduktion verbreitet und äußerst erfolgreich dafür sorgt, dass sich die Konsumenten nur sehr schwer ein Bild der Realität machen können. Damit meine ich nicht nur die plumpe und durchschaubare TV-Werbung, in der sprechende Schweinchen über saftig grüne Almwiesen tollen, wo industrieller Griespudding mit „großmütterlicher Liebe“ zubereitet wird und wo uns Industriebrot unter dem Deckmäntelchen des „traditionellen Bio-Handwerks“ verhökert wird.

Nein, die PR-Maßnahmen der Lebensmittelkonzerne – ob nun für konventionelle oder für Bio-Produkte – gehen noch viel weiter und sind für Konsumenten meist schwer zu durchschauen.

Als ich im Jahr 2011 auf Besuch in einer Werbeagentur von *Ja!Natürlich* (REWE) war, erklärte mir der dortige Geschäftsführer, dass es nicht der Auftrag der Werbefachleute sei, die Realität zu zeigen oder Information zu bieten. „Unsere Aufgabe ist es, die Menschen in die Filialen unserer Auftraggeber zu bringen. Wenn uns das gelingt, haben wir unsere Arbeit gut gemacht.“

„Und wer ist dann für die Information verantwortlich?“

„Das ist die Aufgabe der Konzerne selbst“, wurde mir entgegengehalten.

Tatsächlich werden die PR-Köpfe von Supermärkten und Discountern nicht müde, ununterbrochen „Information“ anzubieten. Dies geschieht im Internet auf den Websites der jeweiligen Unternehmen, über Social-Media-Plattformen wie Facebook sowie in Broschüren und auf den Verpackungen der Produkte selbst. Solche Öffentlichkeitsbeiträge sind nicht mehr als Werbung erkennbar und werden wie Zeitungsartikel, Informationsfilme oder objektive Angaben gestaltet. Verfolgt man die Selbstdarstellung der Lebensmittelkonzerne zurück, entpuppt sie sich meiner Wahrnehmung nach allerdings häufig als nichts anderes als irreführende Werbung.

Wenn es um die Eigenmarken der Handelskonzerne geht, besteht die größte Fehlinformation in der *Suggestion des Besonderen.* Jede einzelne Handelsmarke zielt darauf ab, sich mit dem konstruierten Image ihrer „Einzigartigkeit“ von den Marken der Konkurrenz abzuheben. Wie dies in der Praxis aussehen kann, veranschauliche ich an den Beispielen der drei führenden Bio-Marken in Österreich. Diese sind *Ja!Natürlich* (REWE), *Zurück Zum Ursprung* (HOFER = ALDI SÜD in Österreich) sowie *Natur*pur* (SPAR).

Während sich der HOFER-Konzern als konventioneller Lebensmittel-Discounter mit seinem Bio-Frontman Werner Lampert das Image des „Bio-Pioniers“ verpasst und mit dem Slogan „Bio, das weiter geht“ wirbt, kontert man bei REWE stets mit der Verlautbarung: „Der Pionier und Bionier ist und bleibt *Ja!Natürlich*“, und mit: „Wir sind die Bioniere!“

SPAR hat mit der Bio-Marke *Natur*pur* einen anderen Weg eingeschlagen. Auf zahlreichen der Produktverpackungen ist eine sogenannte „biologische Ursprungsgarantie“ abgedruckt, die stets von einem Bauern oder einem Vertreter der Bio-Branche unterschrieben ist. Für diese Ursprungsgarantie habe ich mich näher interessiert und ich werde später darauf zurückkommen. Alle drei

Marken versuchen also, sich als „herausragend“ von den Mitbewerbern abzuheben.

Fakt ist jedoch, dass die Bio-Produkte der verschiedenen Supermärkte meistens unter ähnlichen Bedingungen erzeugt, verarbeitet und verteilt werden. In vielen Fällen entstammen sie sogar *denselben* Produktions- oder Zulieferbetrieben. Das ist unter anderem bei Obst und Gemüse sowie bei Eiern und Geflügelfleisch der Fall. Obwohl HOFER mit *Zurück Zum Ursprung* ein angebliches „Bio, das weiter geht“ anbieten will und die Hühner bei *Ja!Natürlich* sogar „überglücklich“ sein sollen, wie es in der Werbung heißt, werden die Bio-Eier der Konkurrenten häufig von denselben Hennen gelegt und das Geflügelfleisch stammt von Tieren, die in denselben zentralen Schlachthöfen in Akkordarbeit getötet und von nur drei Geflügelkonzernen an alle Handelsketten in ganz Österreich geliefert werden.

Auf der Facebook-Seite von *Ja!Natürlich* stellte eine Userin die Frage, inwieweit die Fleischprodukte der Bio-Marke aus stressreduzierter Schlachtung stammen. Sie habe dazu keine Infos auf der Unternehmenshomepage gefunden. Hier die Antwort von *Ja!Natürlich*, also aus dem Hause REWE in Österreich:

„Nicht alle Schlachthöfe haben die Berechtigung, Bio-Tiere zu schlachten. Klare Vorgabe ist, dass Bio-Tiere zuerst beziehungsweise am Beginn jeder Schlachtung geschlachtet werden müssen. Dadurch ist nicht nur eine klare Trennung zwischen Bio und Konventionell gewährleistet, sondern es reduzieren sich auch die Wartezeiten und der Stressfaktor für die Tiere. Generell muss hier auf einen schonenden und möglichst stressfreien Umgang mit den Tieren geachtet werden. Um dies sicherzustellen, muss bei jeder Schlachtung ein Tierarzt anwesend sein. Zusätzlich werden unsere Schlachtbetriebe regelmäßig von unabhängigen Kontrollstellen sowie durch übergeordnete interne Kontrollen unter die Lupe genommen.“

Diese Stellungnahme kann nur jene beeindrucken, die die Realität nicht mit eigenen Augen gesehen haben. Der Text vermag zwar beim Lesen subjektiv das Gefühl des beruhigten Gewissens zu hinterlassen, bei genauerem Hinsehen enthält er jedoch wenig Verbindliches. Wieder einmal werden wir auf die „regelmäßigen Kontrollen“ verwiesen, die alles und nichts bedeuten können. Vergessen wir nicht, dass „regelmäßige Kontrollen“ an jedem Schlachthof stattfinden, und sei es die größte industrielle Tierhölle. Viel wichtiger wäre zu erfahren, welche Anforderungen den Kontrollen zugrunde liegen und ob diese erfüllt werden. An diesem Punkt gibt es nämlich kaum Unterschiede zwischen konventioneller und „Bio-Schlachtung“ für die Lebensmittelindustrie. Die Bio-Tiere werden mit denselben Bolzenschussgeräten oder in denselben Gasanlagen „betäubt“, sie werden in dieselben Fließbandanlagen gehängt und auf dieselbe Weise in den Tod befördert wie konventionelle Tiere auch. Und das alles neben den Augen der „Kontrolleure“, denn die industrielle Schlachtung mit all ihren grausamen Merkmalen widerspricht weder dem Tierschutzgesetz noch den Bio-Richtlinien. Sie ist Alltag in der Lebensmittelindustrie Europas.

Im Rahmen meiner Recherchen sah ich mir unter anderem einen Schlachthof an, in dem für *Ja!Natürlich* Schweine, Lämmer und Rinder geschlachtet werden[32]. Es handelte sich um einen Betrieb, in dem auch konventionelle Tiere für den REWE-Konzern geschlachtet werden. Was ich dort sah und erlebte, blieb mir in lebhafter Erinnerung: Die Lämmer wurden an ihren Ohren und Extremitäten aus den Lastwagen in den Schlachthof gezerrt, einigen wurden sogar Eisenketten ums Bein festgezogen, an denen sie dann über die raue Betonfläche geschleift wurden. Die Tiere waren sichtbar von Angst erfüllt, die sich in ihren Augen deutlich widerspiegelte. Zusammengepfercht in der Wartebox versuchten sie in Panik übereinander hinweg zu flüchten. Doch es gab keinen Ausweg.

---

32 Arvay, Clemens G., Der große Bio-Schmäh – Wie uns die Lebensmittelkonzerne an der Nase herumführen, S. 106–111, Carl Ueberreuter, Wien 2012

Auch das Sterben der Tiere – auf dem Fließband kopfüber am Haken hängend – stellte sich in der Realität gänzlich anders dar, als es von *Ja!Natürlich* in der zitierten Stellungnahme auf Facebook suggeriert wird. Ein Tierarzt war tatsächlich anwesend, da haben die PR-Mitarbeiter von REWE schon recht. Dieser aber hatte alle Hände voll zu tun, in Akkordarbeit die Fleischbeschau *nach* der Schlachtung durchzuführen – also an den bereits toten und ausgenommenen Tieren. Er stand unter Zeitdruck, alles ging ruck, zuck. Die Fleischbeschau dient der hygienischen Sicherheit und dem Verbraucherschutz. Der Tierarzt konnte sich um den Umgang mit den Tieren gar nicht kümmern, da ihm unter solchen Arbeitsbedingungen die Zeit dazu fehlte. Dass die Tiere an Eisenketten hereingezerrt wurden, bemerkte er nicht einmal, denn diese schrecklichen Szenen spielten sich in einem ganz anderen Bereich des Schlachthofes ab. Und dabei handelte es sich bei diesem Betrieb noch um einen verhältnismäßig „kleinen“.

Auch waren die Bio-Tiere in Tiertransportern gemeinsam mit konventionellen aus mehreren Bundesländern herangekarrt worden und das Verladen sowie der Transport entzogen sich selbstverständlich ebenfalls der Kontrollkapazität des Tierarztes.

Meine Erfahrungen mit der Hühnerschlachtung für *Ja!Natürlich* und andere Bio-Handelsmarken waren nicht minder erschreckend: Verladen der Hühner bei den Vertragsmästern aus Stalleinheiten zu jeweils 4.800 Tieren; Tiertransport zu zentralen Schlachthöfen; containerweises Abladen der Tiere mit Hubstaplern; Abkippen der Hühner auf breite Förderbänder wie Kartoffeln; automatische Betäubung mit Strom oder Erstickung in einer CO_2-Gasanlage. Dabei wurden sie zuerst einer geringen Gaskonzentration ausgesetzt, die zu Atemnot und panikartigen Fluchtversuchen führte und gleichzeitig auf die darauf folgende, die eigentliche Betäubung bei höherer Konzentration vorbereitete. Schließlich wurden die Vögel von Akkordarbeitern aus Osteuropa und Afrika, die unter Bedingungen arbeiten mussten, welche mir als menschenunwürdig erschienen, in das Schlachtkarussell eingehängt, auf dem Fließband von einem rotierenden Messer im Takt von etwa drei Tieren pro Sekunde geschlachtet und dann vollautomatisch weiterverarbeitet, bis sie feinsäuberlich und plastikverschweißt am anderen Ende der Fabrik wieder herauskamen.

Auch betreffend die Schlachtung muss unbedingt festgehalten werden, dass die industriellen Methoden nicht nur bei *Ja!Natürlich* oder etwa nur in Österreich vorherrschen, sondern bei allen Bio-Fleischprodukten der Lebensmittelindustrie in ganz Europa vorfindbar sind.

Das Rätsel der „biologischen Ursprungsgarantie"

SPAR Österreich druckt – ich habe es bereits angedeutet – auf verschiedene Produktverpackungen der konzerneigenen Bio-Marke *Natur*pur* eine sogenannte „biologische Ursprungsgarantie", die mir seit geraumer Zeit Kopfzerbrechen bereitet. Garantiert werden meistens die „biologische Herkunft dieses Naturprodukts" sowie die Wirtschaftsweise „im Einklang mit der Natur". Hinzu kommt in manchen Fällen noch das Versprechen, alle Zutaten und Rohstoffe seien regional. Unterzeichnet wird diese Garantie meist von einem Bauern.

Bereits 2011 verfolgte ich eine solche Unterschrift zurück. Sie führte mich zu dem südburgenländischen Nebenerwerbslandwirt Josef Hacker, der auf den Verpackungen von Bio-Aufstrichen von *Natur*pur* als Bürge für die biologische Bewirtschaftung „in Einklang mit der Natur" und für den angeblichen Bezug der „Zutaten aus der Region" einstand. Mein Besuch bei dem Bauern ergab, dass er selbst erst kurz davor beim Einkaufen in einer SPAR-Filiale bemerkt hatte, dass seine Unterschrift für die *Natur*pur*-Ursprungsgarantie verwendet wurde. Davor hatte er keine Kenntnis über die Art der Verwendung seines Namens.

Er konnte auch nichts über die Zutaten sagen, die in dem betroffenen Produkt verarbeitet wurden. Weder wusste er, ob irgendeines seiner eigenen Erzeugnisse verwendet wurde, noch wusste er, ob es sich um Produkte aus der Region handelte beziehungsweise inwiefern die jeweiligen Produzenten „im Einklang mit der Natur“ wirtschafteten.

Kurzum: Josef Hacker wurde offenbar von SPAR mit seiner Unterschrift als Bürge eingesetzt, ohne irgendetwas über die Zutaten des Produkts aussagen zu können. Die Aufstriche enthielten zahlreiche Erzeugnisse, die aus dem Ausland und teilweise sogar von anderen Kontinenten importiert worden waren. Die Ursprungsgarantie wurde, nachdem ich die Missstände öffentlich dokumentiert hatte, wieder von den Aufstrich-Verpackungen entfernt.

2012 schließlich unternahm ich eine zweite Rückverfolgungsaktion der biologischen Ursprungsgarantie von SPAR. Auf Bio-Eistee von *Natur*pur*, der in drei verschiedenen Geschmacksrichtungen erhältlich ist, fand ich eine biologische Ursprungsgarantie, die die Unterschrift des Präsidenten der *Small Organic Farmers' Association* trug, einer Organisation für fairen Handel in Sri Lanka. Laut dem Aufdruck bescheinigte dieser die „biologische Bewirtschaftung unserer Tee-Plantagen in Einklang mit der Natur“. Gezeichnet: Bernard.

Der Nachname fehlte, sodass ich ihn erst durch eine Internetrecherche rekonstruieren musste. Es stellte sich heraus, dass es sich um Bernard Ranaweera handelte, der tatsächlich der Präsident der Small Organic Farmers' Association ist. Ich schrieb ihm eine E-Mail, um ihn über die Verwendung seiner Unterschrift seitens SPAR zu informieren. Hier seine Antwort, übersetzt aus dem Englischen:

Sehr geehrter Herr Arvay!

Vielen Dank für Ihre E-Mail mit der Information bezüglich Labelling-Methoden von Produkten auf dem österreichischen Markt. Ich war so überrascht und konnte es nicht glauben, als mir meine Sekretärin diese Information telefonisch weiterleitete. Bitte senden Sie mir mehr Informationen über den Handelskonzern, der meinen persönlichen Namen und den Namen meiner Organisation benutzt.

Mit freundlichen Grüßen,
Bernard Ranaweera

Auch Herr Ranaweera wusste also offenbar nichts vom Auftauchen seiner Unterschrift auf den Eistee-Flaschen von *Natur*pur*. Ich schrieb daraufhin einen offenen Brief an SPAR, den ich auch auf meiner Website ***www.arvay.info*** veröffentlichte. Ich wollte wissen, wie sich der Konzern die Tatsache erklärte, dass die Rückverfolgung der biologischen Ursprungsgarantie bereits zum wiederholten Male zu einer Person geführt hatte, die von der Verwendung ihrer Unterschrift nichts wusste.

SPAR reagierte prompt und schrieb:

„Der Präsident der Small Organic Farmers' Association (SOFA), Herr Bernard Ranaweera, ist mit dem Hersteller unserer SPAR *Natur*pur* Bio-Eisteesorten in persönlichem Kontakt und hat diesem die Verwendung der biologischen Ursprungsgarantie der SOFA für die SPAR *Natur*pur* Bio-Eisteesorten genehmigt. Aufgrund der Vielschichtigkeit der Handelspartner der SOFA ist es nicht verwunderlich, dass Herrn Ranaweera die Firma SPAR im ersten Moment kein Begriff war. Dieses *Missverständnis* wurde bereits von unserem Hersteller mit Herrn Bernard Ranaweera *persönlich geklärt.*"

Zwei Tage später veröffentlichte die Austria Presse Agentur (APA) eine Meldung, aus der hervorging, dass Herr Ranaweera den angeblichen persönlichen Kontakt dementierte und die Klärung des „Missverständnisses“ noch immer nicht bestätigen konnte. Die APA hatte die Story aufgegriffen und mit Ranaweera Kontakt aufgenommen. Nun berichteten auch die österreichischen Tageszeitungen *Die Presse* und *Der Standard* sowie das Wiener *Radio Arabella* über die Unstimmigkeiten bei SPAR, sodass sich der Konzern zu einer weiteren öffentlichen Stellungnahme veranlasst sah, in der es hieß:

„Dabei wurde aber Herr Bernard Ranaweera anscheinend nicht korrekt rückinformiert. Wir klären das nun nochmals und werden eine andere Lösung finden.“

Wenige Tage später meldete sich Bernard Ranaweera aus seinem Büro der Small Organic Farmers' Association in Sri Lanka überraschenderweise via E-Mail bei mir. Der Titel seiner E-Mail: „*Die Irreführung von Konsumenten.*“

Sehr geehrter Herr Arvay!

Vielen Dank für Ihre Intervention betreffend die Verwendung meiner Unterschrift, meines Namens und des Namens der Small Organic Farmers' Association auf den Flaschen des biologischen Eistees der Firma SPAR. Nach einer Korrespondenz zwischen mir und den beteiligten Parteien ist es nun gelungen, dieses Problem ein für alle Mal zu klären, ohne weitere Missverständnisse zu verursachen. Ich glaube, es wird daher in Zukunft keine derartigen Zwischenfälle mit SPAR mehr geben. Aber: Ich kann Ihnen nicht garantieren, dass eine solche Irreführung der Konsumenten nicht anderswo wieder passieren kann, da das Wirtschaftsgeschehen weltweit von enormen Konkurrenzkämpfen bestimmt wird. Wenn Sie uns eine Organisation vermitteln würden, die unsere Produkte in österreichischen Supermärkten auf seriösere und transparentere Weise bewirbt, wäre ich Ihnen sehr verbunden.
Wir von der Small Organic Farmers' Association sind dankbar dafür, dass Sie den Vorfall mit SPAR zu unserer Kenntnis gebracht haben. Ich würde sagen, wir brauchen mehr Wissenschaftler Ihrer Art, um

den Markt für ökologische Erzeugnisse in eine vernünftige Richtung zu entwickeln.

Mit freundlichen Grüßen und
besten Wünschen für das Neue Jahr 2013,
Bernard Ranaweera, Small Organic Farmers' Association,
Sri Lanka, 20.12.2012

Ich erachte es als grundsätzlich beunruhigend, dass Unterschriften von Produzenten offenbar über mehrere Distanzen zwischen Betrieben der Lebensmittelindustrie, Großhandelsfirmen und Einzelhandelskonzernen weitergereicht werden können, ohne dass die unterzeichnende Person dabei einen Überblick darüber bewahren kann, auf welchen Verpackungen ihr Name abgedruckt wird. Persönliche Bürgschaften benötigen – darauf sollten wir als Konsumentinnen und Konsumenten bestehen – auch die persönliche Kenntnis des Bürgen über das Auftauchen seines Namens und seiner Unterschrift.

Produktdesign oder Etikettenschwindel?

Mit Aufdrucken auf Verpackungen und Produktbezeichnungen nimmt es die Lebensmittelindustrie offenbar grundsätzlich nicht so ernst. In der Polit-Talk-Sendung „Im Zentrum" des Österreichischen Rundfunks (ORF) vom 17. Februar 2013 mit dem Titel „Was wir essen" präsentierte die Moderatorin Ingrid Thurnher ein als Kalbsleberstreichwurst ausgewiesenes Produkt, von dem sie aus der Zutatenliste zitierte: „59 Prozent Schweinefleisch, 25 Prozent Schweineleber und fünf Prozent Kalbsleber". Der spitzfindige Kommentar der ORF-Journalistin: „Sollte man auf diese Kalbsleberstreichwurst nicht eigentlich schreiben: ‚kann Spuren von Kalbsleber enthalten'?"

Drauf steht eben, was sich gut verkauft. Und dazu zählt in Österreich derzeit beispielsweise die Bergbauernidylle. Der Discounter HOFER (ALDI SÜD in Österreich) verkauft unter der Bio-Marke *Zurück Zum Ursprung* das sogenannte „Mühlviertler Bergbauernjoghurt" aus österreichischer Milch unter anderem in den Geschmacksrichtungen Erdbeere, Himbeere, Heidelbeere-Holunder und Apfel-Müsli. Die Äpfel dieses Mühlviertler Bergbauernjoghurts stammen aus Italien, die darin verarbeiteten Haselnüsse aus der Türkei, ebenso wie die Rosinen. Die Erdbeeren kommen aus Polen, die Himbeeren aus Serbien, die Heidelbeeren aus der Ukraine und aus Polen. Das „Bergbauernprodukt" trägt das rot-weiße AMA-Biozeichen[33].

Der Bergbauernbegriff stellt in Österreich ein beliebtes Marketing-Schlagwort dar, das von mehreren Handelskonzernen mit Vorliebe verwendet wird, sowohl für konventionelle als auch für biologische Industrieprodukte aus der Milch-Palette. Während wir, wenn wir das Wort „Bergbauer" hören, gerne an romantische Almen und vogelfreie Kühe im Gebirge denken, wie sie uns in der Werbung vorgespielt werden, ist die juristische Definition eines Bergbauern in Österreich gar nicht so idyllisch. Als „Bergbauer" zählt formal jeder landwirtschaftliche Produzent, der unter erschwerten Bedingungen wirtschaftet. Stolze 80 Prozent der Fläche Österreichs gelten als Bergbauerngebiete, weil die betreffende Verordnung nicht nur Flächen mit steiler oder erhöhter Hanglage als Bergbauernregionen ausweist, sondern auch anderweitig benachteiligte Regionen. Neben klimatischen Benachteiligungen zählen dazu auch Kriterien wie die Entfernung zur nächsten Bushaltestelle, zum Bezirkshauptort oder zum nächsten Bahnhof. Selbst im flachen bis sanft-hügeligen Burgenland, dem östlichsten Bundesland Österreichs, finden wir per definitionem Bergbauern. Der Bergbauernbegriff steckt voller positiver, werbewirksamer Konnotationen und macht sich gut auf Etiketten, sagt aber – vor allem in der vorliegenden Form – weder etwas über die Qualität der Milchprodukte noch über das Wohlergehen der Milchkühe aus.

---

33 AMA-Biozeichen der Agrarmarkt Austria Marketing GmbH

IV. Es geht auch anders

Bio-Obstbau ist natürlich auch ohne Überschwefelung und Einsatz von industriellen Spritzmitteln möglich und sollte erst dann die Bezeichnung „ökologisch“ verdient haben. Lebensmittel können – *selbstverständlich* – produziert und vermarktet werden, ohne dass dabei die Hälfte als Abfall anfällt und Unmengen an genusstauglicher Ware einfach aussortiert werden. Hühner und Puten können auf eine Weise gehalten werden, die mit dem Begriff „artgemäß“ noch vereinbar ist und nicht zur Verwüstung von Grünflächen führt. Brot und Milchprodukte müssen nicht zwangsläufig von den Fließbandanlagen der Großindustrie ausgespuckt werden, und kleinere sowie mittlere landwirtschaftliche Betriebe könnten in Zukunft wieder eine Chance haben. Die Schlachtung von Tieren ist auch ohne die unzumutbaren Massentiertransporte und abseits der Akkordschlachthöfe möglich, und klarerweise gibt es auch Alternativen dazu, dass Küken auf Fließbandanlagen zur Welt kommen und dabei die männlichen Tiere automatisch getötet werden. Es gibt zukunftsfähige Konzepte und Wege der sinnvollen und ethisch vertretbaren Lebensmittelproduktion, in der es nicht ausschließlich um Kommerz und Profit geht.

Im Rahmen meiner Reise durch Europa sah ich mir zahlreiche vorbildlich wirtschaftende, ökologische Betriebe und landwirtschaftliche Projekte an, die fast alles anders machen als in der Großproduktion für Supermärkte und Discounter. Sie haben allesamt eines gemeinsam: Sie arbeiten unabhängig von der Industrie und stehen nicht unter Vertrag mit den Lebensmittelkonzernen, die im Handel den Ton angeben.

Artgerechte Hühnerhaltung

Am Beispiel des Bio-Bauern Carsten Bauck in Niedersachsen habe ich bereits gezeigt, dass die Haltung von kleineren Geflügelgruppen mit einigen hundert Tieren in mobilen Einzelställen, die auf Kufen oder Rädern über das Grünland bewegt werden, zu einer drastischen Verbesserung der Lebenssituation der Tiere führen kann. Dies ist sowohl bei Legehennen als auch bei Masthühnern und Mastputen der Fall.

In East Sussex in England besuchte ich den Bio-Bauern Daniel Hobericht, der aus den Niederlanden nach Großbritannien gezogen ist und auf seiner 20 Hektar großen Farm Äpfel, Birnen und eine Vielzahl an Beerenobst kultiviert. Auf seinem Hof leben außerdem insgesamt 2.000 bis 2.500 Bio-Legehennen in mobilen Stalleinheiten, von denen die größte 475 Tiere beherbergt und einmal pro Jahr ihren Standort wechselt. Der Rest der Tiere ist auf zwölf noch kleinere Einzelställe verteilt, von denen jeder im Schnitt 130 Hennen umfasst. Diese Ställe werden einmal pro Woche bewegt.

Das Trickreiche an Daniel Hoberichts Art, Bio-Eier zu produzieren, ist, dass die mobilen Einzelställe in die vielfältige Obstanlage integriert sind und sich die Hennen optimal über die Fläche verteilen. Dies führt zu zwei gravierenden ökologischen Vorteilen:

Als ich im Oktober 2012 einen ganzen Tag auf Daniels Farm verbrachte, stellte ich fest, dass sich der überwiegende Teil der Hühner von früh bis spät im Freien aufhielt.

„Der Großteil unserer Legehennen befindet sich das ganze Jahr über unter freiem Himmel“, bestätigte Daniel meinen Eindruck. „Wir sind sozusagen das genaue Gegenteil der Bio- und Freiland-Industrie, wo zu jedem Zeitpunkt weit mehr als 90 Prozent der Tiere im Inneren des Stallgebäudes sind.“

Durch die Integration der Mobilställe in die Obstanlage konnte Daniel Hobericht auch das Problem mit den fehlenden Deckungsstrukturen auf der Auslauffläche lösen. Gemäß den natürlichen Bedürfnissen der Hühner können sich diese nun entlang der Beerensträucher sowie unter dem schützenden Kronendach der Obstbäume bewegen, ohne dabei ungeschützte Bereiche überwinden zu müssen. Auf diese Weise frequentieren die Tiere fast den gesamten Obstgarten. Da sie auf relativ kleine Herden in ihren Mobilställen aufgeteilt sind, sind auch die Kondensationspunkte – die jeweiligen „Heimatställe" – optimal über die Anlage verteilt. Weil die Herden und ihre Ställe überschaubar bleiben, finden die Tiere außerdem leichter zu den Auslaufluken.

Der zweite bedeutende ökologische Vorteil ist, dass auch die Obstbäume und Beerensträucher von dieser Wirtschaftsweise profitieren. Der Hühnerkot, welchen die Tiere durch ihre Aktivität gleichmäßig über die Anbaufläche verteilen, kommt den Obst- und Beerenkulturen zugute. Da jede einzelne mobile Stalleinheit vier Jahre benötigt, bevor sie durch das Rotationssystem wieder an ihrem Ausgangspunkt landet, fallen die Probleme der Überdüngung und der Zerstörung des Bodens rund um den Stall weg. Der Boden wird nie überbeansprucht und es werden ihm ausreichende Regenerationsphasen gegönnt. All dies ist in der Bio- und Freilandindustrie mit den dort vorherrschenden stationären Großställen nicht möglich.

Hinzu kommt ein ökonomischer Vorteil, der sich aus der Wirtschaftsweise von Bio-Bauern wie Daniel Hoberricht ergibt. Die Hühner versorgen sich auf ihren Streifzügen durchs Freiland mit Futter, das sie auf dem Boden sowie in den oberen Bodenbereichen finden: Gras, Insekten, Würmer, herabgefallene Früchte von den Bäumen und Sträuchern. Auf diese Weise suchen sich die Tiere bei Daniel Hobericht 35 Prozent ihrer täglichen Nahrung selbst und ohne Zutun des Bauern, der dadurch einen beachtlichen Teil weniger Futtermittel einsetzen muss.

Besonders beeindruckte mich die Situation in den Ställen. Ich war natürlich vor allem an der größten Mobilstalleinheit interessiert, in der 475 Tiere lebten. Drinnen scharrten die Hennen im Sand, andere saßen auf ihren Sitzstangen. Es herrschte eine gelassene Geräuschkulisse aus entspanntem Gackern, den Geräuschen des Sandbadens und des gelegentlichen Flügelschlagens. Dass die Kommunikation in diesem Stall funktionierte und die Tiere in einem ausgeglichenen sozialen Gefüge lebten, war deutlich zu spüren. Keine der Hennen wirkte gestresst und auch mein plötzliches Auftauchen im Stall versetzte die Herde nicht in Panik, wie ich es aus der Bio-Industrie gewohnt war. [Abb. 18–19]

Es gibt allerdings einen Wermutstropfen rund um die vorbildliche Hühnerhaltung von Daniel Hobericht: Auch auf seinem Hof leben Legehennen der Hybridlinie Lohmann Brown Classic. Das bedeutet nicht nur, dass durch den Bezug dieser Hochleistungszüchtungen der Lohmann-Konzern, über den ich bereits berichtet habe, unterstützt wird, sondern auch, dass die Zucht der Tiere und das Ausbrüten der Küken unter industriellen Bedingungen stattfinden. Jede Lohmann-Hybride, wo auch immer auf der Erde sie von einem Eierproduzenten eingesetzt wird, lässt sich in ihrer familiären Abstammung auf die Vorfahren zurückverfolgen, die bei Lohmann in fensterlosen Hallen dahinvegetieren müssen und als nichts weiter als Maschinen zur Produktion von Bruteiern betrachtet werden. Für jede einzelne von einem Landwirt bezogene Lohmann-Henne musste im Schnitt ein männliches Küken am Tag seiner Geburt auf dem Fließband sterben.

So wie samenfeste Pflanzensorten brächten reinerbige Hühnerrassen neben tierethischen auch zahlreiche ökologische Vorteile. Sie lassen sich von Generation zu Generation an den jeweiligen Einsatzort anpassen und verfügen über natürliche Verhaltensweisen, die Hybridhühner längst verloren haben – auch über eine „innere Uhr“, die dazu führt, dass solche Hühner durch künstliche industrielle Lichtprogramme in ihrem Tages- und Jahresrhythmus nicht beeinflusst werden können. „Alte Rassen“ haben ein gut funktionierendes Immunsystem, womit der Einsatz von Antibiotika, der auch bei „Bio“ üblich ist, deutlich reduziert werden könnte. Außerdem sind solche Hühnerrassen mit den Rahmenbedingungen der ökologischen Landwirtschaft weitaus kompatibler. Sie brauchen zum Beispiel keine Zumischung von konventionellem Futter und neigen weniger zur Selbstausbeutung und zu Federnkannibalismus als die auf die Agrarindustrie zugeschnittenen Hochleistungshybriden. Beinahe in jeder Region der Erde existieren noch immer alte Hühnerrassen, die dort oft seit Jahrhunderten kultiviert und gezüchtet werden und daher an das jeweilige Klima optimal angepasst sind.

Das *Augsburger Huhn* wurde mit seinem graublau schimmernden Federkleid beispielsweise in der zweiten Hälfte des 19. Jahrhunderts durch einen Züchter in Augsburg aus dem italienischen Lamotta-Huhn und dem französischen La Fléche hervorgebracht. Das Augsburger Huhn ist für seine gute Legeleistung und sein schmackhaftes Fleisch bekannt[34].

Von stattlichem Bau und hohem Körpergewicht – die Hennen bringen bis zu 3,5 Kilogramm auf die Waage, die Hähne sogar bis zu 4,5 Kilogramm – ist das britische *Orpington-Huhn*, das an das feuchte maritime Klima Großbritanniens angepasst ist und bereits 1886 in der südenglischen Grafschaft Kent gezüchtet wurde. Legeleistung und Fleischansatz der Orpingtons sind gut[35], weshalb die Hühner bis zu ihrer Verdrängung durch die hoch ertragreichen Marktzüchtungen gute Dienste in der Landwirtschaft leisteten.

Das österreichische *Altsteirer Huhn* wurde in der Steiermark nördlich von Graz gezüchtet und blickt auf eine auffallend lange Kulturgeschichte zurück, die bereits am Ende des 17. Jahrhunderts begann. Altsteirer-Weibchen sind hervorragende Eier-Legerinnen und die Hähne sowie die Hennen bringen ein außergewöhnlich schmackhaftes, feinfaseriges Fleisch hervor. Eine Leistungsprüfung in Bayern ergab bereits zwischen 1925 und 1935 eine erstaunlich hohe Legeleistung von 280 Eiern pro Jahr für Altsteirer-Hennen[36] (pro Tier).

---

34 Schmidt Horst, Proll Rudi, Rassegeflügel, S. 21, Ulmer Verlag, Stuttgart, 2011

35 Schmidt Horst, Proll Rudi, Rassegeflügel, S. 95, Ulmer Verlag, Stuttgart, 2011

36 Schmidt Horst, Proll Rudi, Rassegeflügel, S. 12, Ulmer Verlag, Stuttgart, 2011

Ebenfalls in der Steiermark entstand am Beginn des 19. Jahrhunderts die Rasse des *Sulmtaler Huhns*, zunächst als Masthuhn. Durch weitere Kreuzungen entwickelte sich im Laufe der Zeit aber auch eine sehr gute Legeleistung für das Sulmtaler Huhn[37], wodurch es zu einem leistungsstarken, robusten Zweinutzungshuhn wurde.

Das deutsche *Sperber-Huhn*, das durch sein schwarz-grau geflecktes, sogenanntes „gesperbertes" Federkleid bekannt ist, geht auf einen deutschen Züchter in Duisburg zurück, der um 1900 das erste Sperber-Huhn hervorbrachte. Er nannte die Rasse zuerst „Rheinische Sperber". Der Name „Deutscher Sperber" ist erst seit 1917 üblich. Nach 1945 erlebte die Rasse wegen ihrer hohen Fleisch- und Eierleistung[38] wirtschaftliche Aufschwünge, bis sie – so wie alle alten Hühnerrassen – durch die Hybridhuhnzucht ab den 1970er-Jahren vom Markt verdrängt wurde.

Dieses Schicksal trifft auf alle Hühnerrassen zu, die – so scheint es – den Kampf gegenüber den Laborlinien der Hybridzuchtkonzerne verloren haben. Heute findet man sie fast nur noch in den Händen von Hobbyzüchtern, die bei der Zuchtwahl vor allem auf das Aussehen der Hühner achten. Deswegen haben viele alte Rassen inzwischen ihre guten Ertragseigenschaften wieder verloren, wenngleich sie diese zurückerlangen würden, sofern man ihnen durch Zucht und Rassenpflege wieder die nötige Aufmerksamkeit schenken würde.

Während die Industrie behauptet, die Zeit des Rassehuhns sei längst abgelaufen und nur noch das industrielle Hybridhuhn könne als ernst zu nehmende Option betrachtet werden, setzen sich überall auf der Erde Bäuerinnen und Bauern für den Erhalt und die Reaktivierung der alten Rassen und Zweinutzungshühner ein.

---

37 Schmidt Horst, Proll Rudi, Rassegeflügel, S. 117, Ulmer Verlag, Stuttgart, 2011

38 Schmidt Horst, Proll Rudi, Rassegeflügel, S. 47, Ulmer Verlag, Stuttgart, 2011

So auch der bayerische Geflügellandwirt und Geflügelzüchter Christian Hetzenecker in Neumarkt-St. Veit. Herr Hetzenecker züchtet neben Gänsen und Enten in erster Linie Hühner der Rasse *Le Bleu*, die wiederum genetisch auf das französische *Bresse-Huhn* zurückgeht, das erstmals in der Region Bresse, nordöstlich von Lyon, gezüchtet wurde. [Abb. 20–21]

Clemens G. Arvay: Auf Ihrem Bio-Hof, Herr Hetzenecker, leben 200 Elterntiere und 450 Jungtiere des Zweinutzungshuhns „Le Bleu“ und jeweils eine Herde von Enten und Gänsen. Sie sind nicht nur Landwirt, sondern auch Geflügelzüchter, und jede zweite Woche liefern Sie etwa tausend Le-Bleu-Küken aus. Was unterscheidet Sie von einer herkömmlichen Industriebrüterei?

Christian Hetzenecker: Es gibt viele Unterschiede, aber der wichtigste ist, dass bei mir kein einziges Küken sterben muss. Wir brauchen den sogenannten „Homogenisator“ nicht, ein Messer, das die Tiere zu Brei verarbeitet. Küken routinemäßig zu vernichten ist einfach der falsche Ansatz. Außerdem gibt es bei uns keine Fließbänder und alles ist Handarbeit.

Clemens G. Arvay: War es in Ihrem Betrieb immer schon so, dass keine Küken vernichtet werden mussten?

Christian Hetzenecker: Nein, leider nicht. Ich muss sagen, dass das Töten der männlichen Küken üblich wurde, nachdem die industrielle Eierproduktion so überhandgenommen hatte. Bis vor etwa zehn Jahren vernichteten auch wir unsere männlichen Küken. Wir ertränkten sie. Ich konnte diese Praxis aber bald nicht mehr vertreten und kam zu dem Schluss, dass „Bio“ und die industrielle Kükenvernichtung auf keinen Fall zusammenpassen. Die logische Konsequenz war, auf alte Rassen zurückzugreifen, die Eier legen und Fleisch ansetzen.

Vor ein paar Jahren bekam ich dann ein Angebot aus der Industrie. Ich hätte pro Jahr 600.000 Küken von herkömmlichen Hybridlegehennen liefern können, das ist eine ordentliche Menge. Aber stellen Sie sich vor: Für dieses Geschäft hätte ich jedes Jahr dieselbe Anzahl, also 600.000 männliche Küken, töten müssen. Das ist doch verrückt, ich habe das Geschäft abgelehnt. Es ist aber nicht immer leicht, konsequent zu bleiben, weil der Druck seitens der Industrie immer größer wird.

Auch in der Putenzucht wird es immer schlimmer: Die Tiere werden bei der künstlichen Befruchtung zweimal pro Woche „vergewaltigt" – anders kann man das nicht nennen. Da wird der Kopf der weiblichen Pute, nachdem sie wüst eingefangen wurde, zwischen die Knie eines Mitarbeiters geklemmt, die Henne fixiert und der Samen wird ihr durch ihre Genitalien in ihren Körper gespritzt. Die Tiere wehren sich heftig, haben großen Stress. Das ist pure Gewalt, auch für die Bio-Produktion. Bio-Putenküken gibt es ohnedies keine, die Bio-Industrie greift immer auf konventionelle zurück.

Clemens G. Arvay: Die Industrie behauptet, dass der Einsatz von Rassegeflügel wirtschaftlich auch in der biologischen Produktion undenkbar sei und es keine Alternative zu konventionellen Hybriden gäbe – bei Hühnern ebenso wie bei Puten.

Christian Hetzenecker: Ja, das sagen sie immer wieder. 2009 gab es einen Versuch im Auftrag eines Discounters, für den die Wirtschaftlichkeit meiner Hühnerrasse Le Bleu getestet wurde. Aber kein einziges dieser Rassehühner ist je in den Regalen des Konzerns gelandet. Weil man die Tiere vier Wochen länger hätte mästen müssen – also statt nur acht wären es zwölf Wochen gewesen – und weil die Futterverwertung nicht lukrativ genug war, hat man behauptet, Rassehühner oder Zweinutzungshühner seien wirtschaftlich nicht ertragreich genug. Ich bezweifle das.

Clemens G. Arvay: Was aber ist dann das Problem? Warum vernichten wir sogar in der Bio-Produktion unvorstellbare Massen an männlichen Küken, anstatt auf Rassegeflügel und Zweinutzungshühner umzusteigen?

Christian Hetzenecker: Das Problem bringen die Supermärkte und Discounter selbst mit sich. Bio boomt im Supermarkt, aber nicht beim Landwirt. Die niedrigen Preise sind problematisch, die die Bauern bekommen, wenn sie an die Industrie liefern müssen. Alles, was im Supermarkt verkauft wird, wird in riesigen Einheiten produziert, ob nun Bio oder Konventionell. Bei solchen Mengen kommt es auf jeden Cent an und die Preise sind scharf kalkuliert. Die Ware geht durch zahlreiche Hände: Bei Geflügel sind es die Brüterei, der Mäster beziehungsweise Legehennenhalter, die Schlachterei, der Zwischenhandel und schließlich der Supermarkt. Beim Landwirt bleibt wenig hängen, alle in der Kette wollen etwas verdienen, sodass das Ausgangsprodukt möglichst billig sein muss. Das geht bei Rasse- und Zweinutzungshühnern nicht, weil diese 15 Prozent weniger Eier legen, während ihr Futterverbrauch 10 Prozent höher liegt und da können dann die Konzerne nicht mehr so viel mitverdienen, wie sie gewohnt sind. Solche Rassen können nur ohne Einschaltung der Industrie und der Supermärkte eingesetzt werden.

Clemens G. Arvay: Wie könnte man das Problem lösen?

Christian Hetzenecker: Es ist eigentlich ganz einfach: Lebensmittel sind bei uns nichts wert, sie werden in Massen produziert und es wird viel davon weggeworfen. Das muss sich ändern. Wir brauchen gar nicht so viel zu produzieren und wir essen ohnedies zu viel Fleisch, was nicht gesund ist. Und das sage ich als Geflügelbauer! Es wäre besser, weniger Fleisch zu essen und dieses dafür aus regionalen Märkten zu beziehen, zum

Beispiel vom Bauern. Man bezahlt dann zwar mehr, bekommt aber auch besseres Fleisch aus wirklich artgerechter Tierhaltung. Der Bauer wird darin unterstützt, so zu produzieren, wie es sich die Konsumenten wünschen. Je kürzer die Vermarktungskette, desto mehr des Preises fließt direkt in die Produktion und deren Qualität, es bleibt weniger Geld im Handel stecken.

Clemens G. Arvay: Welche Möglichkeiten haben wir gesellschaftlich betrachtet als Konsumenten und als Produzenten, die Entwicklung in Richtung Nachhaltigkeit, Regionalität und artgemäße Tierhaltung zu unterstützen?

Christian Hetzenecker: Wir haben viele Möglichkeiten. Das Wichtigste ist: Anders einkaufen! Wir sollten regionale Produkte kaufen und dabei Bio-Produkte bevorzugen, weil diese wahrscheinlich von besserer Qualität sind. Das Wichtigste dabei ist aber die Regionalität der Ware, die nicht Hunderte oder Tausende von Kilometern hin- und hergekarrt werden soll. Im Supermarkt würde ich eigentlich nicht einkaufen, stattdessen lieber beim Bauern am Hofmarkt oder am Bauernmarkt in den Städten und Ortschaften. Auch Bauernläden, die von verschiedenen Produzenten gemeinsam betrieben werden, halte ich für eine großartige Idee, weil die Konsumenten dort alles unter einem Dach kaufen können und nicht einen Laden nach dem anderen abklappern müssen.
Der Werbung sollten wir ohnedies nicht glauben. Die Kunden sind in der Verpflichtung, sich Gedanken über ihre Ernährung und Einkaufsgewohnheiten zu machen, und nicht einfach ins Geschäft hineinzugehen und zu kaufen. Dann können wir für die Zukunft auch wieder auf Rassegeflügel und Zweinutzungshühner hoffen.

Clemens G. Arvay: Welchen Vorteil hätten Bauern, wenn sie auf reinerbige Zweinutzungshühner umsteigen würden?

Christian Hetzenecker: Die Autonomie der Bauern wäre dann höher und sie könnten Einfluss auf den Zuchtverlauf nehmen. Sie könnten selbst entscheiden, mit welchem Futter die Tiere aufwachsen, wie sie gepflegt und behandelt werden. Die Abhängigkeit von der Agrarindustrie hätte endlich ein Ende.

Clemens G. Arvay: Haben alte Geflügelrassen auch für den Verbraucher einen direkten Vorteil?

Christian Hetzenecker: Natürlich! Die Konsumenten hätten dann ein Produkt, das unter ethisch vertretbaren Bedingungen produziert wurde und aus artgemäßer Tierhaltung stammt. Außerdem schmecken die Eier und das Fleisch von alten Rassen außerordentlich gut. Das Fleisch ist feinfaseriger und fester, es lagert nicht so viel Wasser ein wie bei den auf schnelle Gewichtszunahme gezüchteten Hybriden und es hat mehr Inhaltsstoffe.

Herr Hetzenecker hält seine Geflügelherden – so wie Carsten Bauck und Daniel Hobericht – in Einzelställen mit nur wenigen hundert Tieren. Der Arbeitsschwerpunkt des bayerischen Bio-Landwirts liegt aber nicht in der Produktion von Hühnerfleisch und Eiern, sondern in der Zucht und Bereitstellung von Rasseküken.

Im Sinne der Verbraucherinnen und Verbraucher ist es besonders interessant, die artgemäße Haltung von Geflügel in mobilen Einzelställen mit dem Einsatz von Zweinutzungs- und Rassehühnern zu kombinieren, da die meisten von uns – das unterstelle ich, ohne mit der Wimper zu zucken – dem Wahnsinn der industriellen Kükenvernichtung nicht zustimmen würden. Aber ist diese Kombination überhaupt möglich? Ja, das ist sie:

In Berlin-Gatow stattete ich den Landwirten des *Vierfelderhofes* einen Besuch ab. Ich war ganz bequem mit dem Bus in diese landwirtschaftlich geprägte Region am Berliner Stadtrand gefahren und von der Metropole war dort draußen nichts mehr zu spüren. Auf dem Vierfelderhof werden 93 Hektar Land bewirtschaftet, auf denen unter anderem Getreide und Gemüse angebaut werden. Eine Spezialität des Betriebes sind seltene Kartoffelsorten, wie zum Beispiel das Bamberger Hörnchen, der Blaue Schwede und La Ratte. Insgesamt werden auf dem Vierfelderhof jedes Jahr 43 verschiedene Pflanzenkulturen betreut und beerntet, die ausschließlich samenfeste Sorten umfassen, wie es einst einer wichtigen Grundforderung der Bio-Pioniere entsprach. „Wir arbeiten also ohne jegliches Hybridsaatgut", hielt Christian Heymann, der landwirtschaftliche Leiter des Betriebes, fest. Es verwundert nicht, dass dieser Grundsatz auch in puncto Tiere erfüllt wird: „In der Tierhaltung haben wir vor allem Rassen, die vom Aussterben bedroht sind. Das sind zum Beispiel die Skudden, eine alte ostpreußische Schafrasse, die Thüringer Waldziegen, die Pommernenten und Pommerngänse. Unsere Hauptstandbeine in der Tierhaltung sind aber die Zweinutzungshühner, nämlich die Rassen Marans und Le Bleu."

Da waren sie endlich: Zweinutzungshühner im alltäglichen landwirtschaftlichen Einsatz. *Marans* ist eine großwüchsige Hühnerrasse, die erstmals in Frankreich gezüchtet wurde, qualitativ hochwertiges Fleisch liefert und wunderschöne, schokoladenbraune Eier legt. Die Tiere gelten als besonders aktiv im Freiland und sind robust und widerstandsfähig. *Le Bleu* ist jene Rasse, die Christian Hetzenecker in Bayern pflegt und züchtet.

Die Wirtschaftsweise auf dem Vierfelderhof bringt einen weiteren Vorteil, der in krassem Gegensatz zur Industrie mit ihren Brutfabriken, Aufzuchtstationen und Massentierhaltungen steht. Alle Eier werden direkt auf dem Vierfelderhof ausgebrütet, die Küken kommen also ausnahmslos an ihrem Heimatbetrieb zur Welt und werden dort vom ersten Tag an aufgezogen. Es gibt keinerlei Transporte und Umsiedelungen, die männlichen Küken überleben den Tag ihrer Geburt und werden als Masthähnchen nach etwa hundert Tagen auf dem Hof geschlachtet.

Als ich im September 2011 auf dem ökologischen Betrieb zu Gast war, lebten dort etwa 240 Zweinutzungshühner, doch der Vierfelderhof befindet sich im Aufbau und die Zahl an Tieren wird noch ansteigen. „Die Nachfrage nach unserem Geflügel im Raum Berlin ist enorm hoch", so Landwirt Christian Heymann.

> „Gibt es eigentlich auch klare wirtschaftliche Vorteile, die der Einsatz von alten Geflügelrassen mitbringt?", wollte ich wissen.
>
> „Ja, es gibt ökonomische Vorteile", antwortete Christian Heymann wie aus der Pistole geschossen. „Unsere Legehennen zum Beispiel legen zwei bis drei Jahre, überstehen ohne Probleme zwei Mausern und sind danach trotzdem noch immer so richtig im Fleisch. Ein normales Hybridhuhn wäre nach neun Monaten schon verbraucht. Unsere hingegen eignen sich nach zwei bis drei Jahren noch als richtig schöne Suppenhühner. Wir möchten auf unserem Betrieb auch zeigen, was in solchen Zweinutzungshühnern alles drinnen steckt."

Wenn Sie, liebe Leserin und lieber Leser, im Raum Berlin wohnen, dann möchten Sie jetzt vielleicht wissen, wo Sie die Produkte des Vierfelderhofes kaufen können. Auch diese Frage habe ich dem Landwirt Heymann gestellt: „Wir vermarkten derzeit über verschiedene Bioläden in Berlin", antwortete dieser. „Dazu zählen Biolüske in der Drakestraße, die BioInsel in Berlin-Schöneberg und die Firma Bio Company in Berlin-Spandau. Außerdem liefern wir unsere Ware in die Markthalle Neun in Berlin-Kreuzberg, wo sie von zwei Direktvermarktern kulinarisch verarbeitet wird. Hier in Berlin-Gatow haben wir unseren eigenen Hofladen, der von Mittwoch bis Sonntag von 10 bis 18 Uhr geöffnet hat." Aufgrund der hohen Nachfrage nach Bio-Fleisch vom Vierfelderhof, so erfuhr ich, ist Fleisch derzeit nur auf Vorbestellung erhältlich.

Das hat den angenehmen Nebeneffekt, dass kein Tier zu viel getötet werden muss.

Der Vierfelderhof praktiziert eine ökologische Form der Tierhaltung, die sich die meisten Konsumentinnen und Konsumenten wünschen. Er ist darüber hinaus ein Beleg dafür, dass eine im Vergleich zur Industrie deutlich artgerechtere und ökologischere Tierhaltung möglich ist. Ähnliche Formen der Landwirtschaft werden an zahlreichen Orten bereits erfolgreich praktiziert. Auf meiner Reise besuchte ich weitere Betriebe in Europa, die so engagiert wirtschaften wie der Vierfelderhof. Auf exzellente Tierhaltung stieß ich an mehreren Schauplätzen und ich werde auf diese Betriebe später noch zurückkommen, wenn ich analysieren werde, welche Parameter es denn sind, die eine ethisch und ökologisch hochstehende Wirtschaftsweise zulassen. Ich werde noch darlegen, warum ich nach meinen Recherchen überzeugt davon bin, dass wir – wenn wir uns Mühe geben und uns als Konsumenten vehement einmischen – allerorts und jederzeit für die Etablierung ähnlicher Formen der Landbewirtschaftung wie auf dem Vierfelderhof sorgen können. Aber so weit sind wir noch nicht. Zuerst lade ich Sie ein, den Streifzug durch die verschiedenen landwirtschaftlichen Produktionsbereiche gemeinsam mit mir fortzusetzen und unser Bild davon zu vervollständigen, wie Landwirtschaft abseits der (Bio-)Industrie aussehen kann, sobald sie von Lebensmittelkonzernen und deren Wirtschaftspolitik unabhängig ist.

Die letzten Bauern

„Für echte Nachhaltigkeit müssen wir den Aspekt der Zukunft in unsere Böden bringen“. Peter Segger ist seit 1974 Ökobauer auf der *Bleancamel Farm* in Ceredigion in West-Wales. Er hat die Zeit der Bio-Pioniere miterlebt und ist den Grundwerten des ökologischen Landbaus bis in die Gegenwart seiner landwirtschaftlichen

Tätigkeit treu geblieben. Die Bleancamel Farm betreibt er gemeinsam mit Anne Evans, die ebenfalls bereits in den 1970er-Jahren Teil der Ökolandbau-Bewegung war. Anne erklärte mir, warum ihr Betrieb den Namen „Bleancamel Farm" trägt und was dieser bedeutet: „*Bleancamel* ist ein Wort aus dem walisischen Gälisch. ‚Blean' bedeutet ‚der Rand von etwas' und Camel heißt unser kleiner Fluss – man kann ihn bis hierher hören." Wir standen in einem der Glashäuser und das Rauschen des Flusses drang bis zu uns herein. Es war ein nebelverhangener, regennasser Tag und ich war froh, dass wir unser Gespräch im Schutz des Gewächshauses führen konnten. Meine neuen, matschfesten Schuhe sahen aus, als hätte ich sie jahrelang nicht mehr gereinigt. Sie waren regelrecht eingehüllt in eine zentimeterdicke Schicht aus fest gewordenem Schlamm. Es war mein zehnter Tag in Wales und ich hatte die Sonne während meines bisherigen Aufenthalts kaum zu Gesicht bekommen. „Das Jahr 2012 war entsetzlich nass", blickte Peter Segger auf die Saison zurück – es war schon Oktober. „Dass man hier in West-Wales das ganze Jahr über in Gummistiefeln lebt, sind wir schon gewohnt, aber in *diesem* Jahr rinnt uns der Boden unter den Füßen regelrecht davon. Unsere Freilandkulturen leiden extrem darunter, nur der Lauch gedeiht großartig unter diesen Bedingungen."

„Kein Wunder", dachte ich mir, „dass der Lauch als eines der offiziellen Embleme von Wales gilt." Noch heute tragen manche Waliser diese Pflanze traditionellerweise am ersten Mai, dem Saint David's Day, als Kopfschmuck. Der Legende nach soll Saint David seine Soldaten während einer Schlacht gegen die Sachsen, die in einem Lauchfeld stattgefunden haben soll, dazu angehalten haben, sich erkennbar zu machen, indem sie sich Lauchblätter auf den Helm steckten. „Der Lauch macht sich ausgezeichnet in unserem miserablen, klatschnassen Regenwetter!", hatte mir erst am Tag zuvor ein anderer walisischer Bauer erklärt, während er, in einen langen Regenumhang gehüllt, unter seinem tropfnassen Hut auf das Lauchfeld blickte, von dem aus die kräftigen, dunkelgrünen und zu stabartigen Wuchsformen vereinten Blätter einen stolzen Meter in die Höhe ragten und dabei synchron im Wind wogten.

Zurück auf die Bleancamel Farm: „Unser 20 Hektar großes Farmland ist wunderschön“, schwärmte Peter Segger. „Es ist eine Mischung aus Feldern und sehr alten Eichenwäldern. Wir haben hier einige seltene Pflanzenarten und viele unserer Kunden genießen es, sich im Sommer bei einem Spaziergang die Blüten anzusehen. Dazu haben wir eigene Wege angelegt, die sie benutzen können. Auf unseren Weiden leben Schafe und unsere Glashausflächen, wo wir Feingemüse anbauen, betragen insgesamt circa 4.000 Quadratmeter.“ Dann kniete sich Peter mitten im Glashaus auf den Boden und begann, in der dunkelbraunen, fast schwarzen, lockeren Erde zu graben. Dieser Anblick ließ mein Biologen-Herz höher schlagen. Die Erde war so feinkrümelig und derart reich an Humusstoffen, wie ich es – insbesondere in einem Gewächshaus – selten zuvor gesehen hatte. [Abb. 22]

„Ich möchte, dass Sie sich diesen Boden ansehen“, sagte Peter Segger, während er mit seinen bloßen Händen immer tiefer grub. „Das ist einfach wunderbarer, perfekter Humus! Wir haben ihn aufgebaut, indem wir Kompost einsetzten – wirklich guten Kompost. Und wir glauben aus verschiedenen Gründen ganz fest an das, was wir hier tun – vor allem, weil durch den Humusaufbau einfach das brillanteste Gemüse wächst, das großartig schmeckt und sehr ertragreich ist. Wir Bauern sollten den Boden, der in den meisten Regionen sehr in Mitleidenschaft gezogen ist, aber nicht nur wiederaufbauen und zu dem machen, was er einmal war, sondern unser Ziel sollte es sein, den Boden sogar *noch* besser zu machen. Das meinte ich, als ich vorhin sagte, wir müssten den Aspekt der Zukunft in unsere Böden bringen. Es reicht nicht aus, den Boden einfach so zu belassen, wie er ist. Das ist ein dynamisches System, das sich immer weiter verbessern muss. Alles kommt aus dem Boden! Und wenn man das verstanden hat, hat man eine Zukunft, egal ob man eine kleine Landwirtschaft betreibt oder eine große, ob man Getreidebauer ist oder Gemüsebauer.“ [Abb. 23]

Clemens G. Arvay: Sie beide, Anne und Peter, sind seit den 1970er-Jahren im Ökolandbau aktiv. Was wollten Sie anders machen, als es die industrielle Landwirtschaft tut?

Peter Segger: Die grundsätzliche Inspiration für uns war, dass wir herausfinden wollten, ob es möglich ist, auf effektive Art und Weise Lebensmittel in der kleinstrukturierten Landwirtschaft zu erzeugen. Wir lasen damals ein Buch von Ernst Friedrich Schumacher, eines britischen Ökonomen deutscher Herkunft. Das Buch trug den Titel „Small Is Beautiful“ (zu Deutsch: „Klein ist schön“). Schumacher trat schon damals für angepasste Technologien ein. Es ging ihm darum, Technik und Wirtschaft an die Bedürfnisse der Menschen anzupassen und nicht, umgekehrt, die Menschen an die Technik und Wirtschaft. Schon in den frühen 1970ern erschien es mir sehr fragwürdig, dass alles immer größer und größer werden musste. Das war auch die Zeit, in der die Landwirtschaft überall auf der Welt zu einem riesengroßen, industriellen Geschäft wurde. Alles musste wachsen. Ich erinnere mich daran, als hier in Wales all die Hecken aus der Landschaft verschwanden und die Weiden und Felder immer größer wurden. Mischkulturen wurden durch die Monokultur ersetzt. Die Vorstellung vom Boden, der über Jahrhunderte die Basis der Landwirtschaft war, änderte sich. Plötzlich wurde er nur mehr als Substrat betrachtet, in das man Pflanzen setzt, die man dann „füttert“. All das brachte eine ganze Reihe von Konsequenzen: Die Menschen verließen das Land, weil immer mehr Maschinen eingesetzt wurden und die Arbeitsplätze schwanden. Weniger Menschen bedeutet auch weniger Pubs, weniger Werkstätten, weniger Läden, weniger Postämter und so weiter. Die Landbewohner mussten immer weitere Strecken zurücklegen, um ihre Bedürfnisse zu stillen. Unsere Gesellschaft veränderte sich stark. In den ländlichen Regionen kam es auch zu einer sozialen Verarmung: Wenn es immer weniger Leute in der Nachbarschaft gibt und man immer weiter fahren muss, um Freundinnen und Freunde zu sehen, dann begegnen die Menschen einander auch immer seltener. Die Gesundheit und Vitalität der ruralen Gebiete der Erde – also der ländlichen – nahm dramatisch ab. „Wohin sollte diese Entwicklung führen?“, dachte ich mir. Das Ergebnis sind regelrechte Agrarwüsten auf dem Land und ein totaler Abzug der Menschen in die Ballungszentren – also das genaue Gegenteil davon, wie es über den Großteil der menschlichen Kulturgeschichte war.

Clemens G. Arvay: Konnten Sie auch einen Einfluss dieser Entwicklung auf die Qualität der Lebensmittel feststellen?

Peter Segger: Natürlich litt auch die Qualität der Nahrung unter diesen Veränderungen. Wir verstanden recht bald, dass es eine interessante Verbindung zwischen der Qualität des Bodens und der Qualität der Lebensmittel gibt.

Anne Evans: Außerdem fanden wir heraus, dass eine enge Verbindung zwischen der Gesundheit von Boden, Pflanzen und Tieren und der Gesundheit von Menschen besteht. Ich bin davon überzeugt, dass die Ernährung auf ganz grundlegende Art und Weise die Gesundheit des Menschen beeinflusst. Vermutlich bräuchten wir einen großen Teil der modernen Medizin heute weit weniger, wenn in unserer Gesellschaft mehr Augenmerk auf reichhaltige und natürlich produzierte Nahrung gelegt werden würde. Diese Einsicht motivierte uns schon in den 1970er-Jahren, und dann entwickelten wir uns bis heute weiter.

Peter Segger: Man muss auch sagen, dass die Schwierigkeiten, die uns als junge Menschen in den Siebzigern auf den Weg gebracht haben, heute in unserer Gesellschaft breit diskutiert werden. Die Probleme mit unserer Umwelt wurden im Laufe der Jahrzehnte größer und größer. Seit den Neunzigern wurden der Klimawandel und die Kohlendioxidemissionen in der breiten Öffentlichkeit thematisiert. Später wuchs das Bewusstsein über die Notwendigkeit eines verantwortungsvollen Umgangs mit Wasser an, und heute – seit dem Beginn des 21. Jahrhunderts – ist sogar die Idee ganzer Ökodörfer salonfähig und immer mehr Menschen werden sich bewusst, wie essenziell ein besserer Umgang mit dem Boden für unsere Zukunft ist. Es gibt also einen gesellschaftlichen Bewusstseinswandel und die Umweltproblematik bekommt ein politisches Gewicht, während sich in der Industrie relativ wenig verändert.

Clemens G. Arvay: Was ist die wichtigste Frage, die sich Landwirte Ihrer Meinung nach stellen sollten?

Anne Evans: Es ist nicht genug, einfach nur zu produzieren, das ist ohnedies kein besonderer Auftrag. Es reicht noch nicht einmal aus, *regionale* Lebensmittel zu erzeugen. Die Frage ist: Werden wir es als Bauern schaffen, unsere Betriebe an unsere Kinder weiterzugeben – sofern sie das möchten – und dies auf eine Weise, sodass sie die Chance haben, zu überleben?

Peter Segger: Und angesichts des Klimawandels und der immer höher schießenden Erdölpreise sowie sonstigen Kosten gibt es nur einen Weg, um eine Farm in Zukunft am Leben zu halten: Wir müssen immer weniger zukaufen – das betrifft auch Saatgut – und wir müssen von der Industrie unabhängig werden. Die Bauern müssen autonom werden, um zukunftsfähig zu sein!

Clemens G. Arvay: Was unternehmen Sie, um dieses Ziel für die Bleancamel Farm zu erreichen?

Peter Segger: Wir bauen unsere Böden mit Kompost auf, haben angefangen, selbst den Strom für unsere Farm zu produzieren und reduzieren die fossilen Brennstoffe, die wir einsetzen. Wir pflanzen wieder Bäume auf unserem Land und legen Hecken an, die verloren gegangen sind. All das führt nicht nur dazu, dass wir weniger Kohlendioxid in Umlauf bringen, sondern wir tragen auch dazu bei, mehr davon aus der Atmosphäre zu binden. Wir können durch Messungen belegen, dass der gesunde, humusreiche Boden Kohlendioxid aus der Atmosphäre entzieht und so dem Klimawandel entgegenzuwirken vermag.

Seit 15 Jahren verwenden wir keinerlei biologische Düngemittel mehr, da alles, was der Boden braucht, aus unserem Kompost kommt. Auch unsere Produktivität nimmt dabei immer mehr zu. Wenn mich die Leute fragen, ob eine so kleine Farm wie unsere ökonomisch tragfähig sein kann, dann gibt es nur eine Antwort: Ja, natürlich kann sie das sein, aber man muss es richtig machen!

Clemens G. Arvay: Ich konnte während meines Besuchs auf Ihrer Farm feststellen, dass Sie beide ein sehr gutes Verhältnis zu Ihren Angestellten haben. Offenbar behandeln Sie diese vom zwischenmenschlichen Standpunkt aus betrachtet sehr respektvoll und ich habe den Eindruck, Ihre Leute werden nicht unter Druck gesetzt. In der Bio-Industrie stellte sich die Situation der Arbeiter oft ganz anders für mich dar. Nicht nur, dass biologisches Gemüse für Supermärkte und Discounter inzwischen sogar in der „Agrarwüste“ Almería in Spanien erzeugt wird, wo bekanntlich ausbeuterische Arbeitsverhältnisse vorherrschen. Auch in der deutschen, österreichischen und schweizerischen Agrarindustrie stehen harte Arbeitsbedingungen an der Tagesordnung – bei Bio und Konventionell. Beispielsweise führte ich ein Interview mit einem Erntehelfer auf einem großen Bio-Gemüseanbaubetrieb in Österreich, nachdem ich mich dort einen halben Tag lang selbst umgesehen hatte. Im Rahmen meines ausführlichen Besuchs in dem

Betrieb konnte ich mir von dem rauen Umgangston und den harten Arbeitsbedingungen der Migrantinnen und Migranten, die hier jedes Jahr als Saisoniers eingestellt werden, ein lebhaftes Bild machen. Ich führte außerdem ein Interview mit einem der Erntehelfer aus Ungarn, in dem mein Eindruck bestätigt wurde. Er erzählte mir, dass in diesem Bio-Gemüseanbaubetrieb „wüste Beschimpfungen an der Tagesordnung" stünden und er sich „oft erniedrigt" fühle. Lob gäbe es so gut wie nie, erfuhr ich, und „wir müssen immer *noch* mehr schaffen, *noch* schneller sein". Außerdem würden oft weder Feiertage noch Sonntage eingehalten. Sein Stundenlohn liegt genau am gesetzlichen Minimum, das für die Tätigkeit der Erntehelfer in Österreich festgelegt wurde: 6,24 Euro.
Würden Sie sagen, dass ein fairer und sozial respektvoller Umgang mit Menschen zur Idee des Ökolandbaus dazugehören sollte?

Peter Segger: Wir kennen dieses Problem! Auch in der britischen Agrar- und Bio-Industrie werden Migranten aus Osteuropa, Afrika und teilweise auch aus Asien unter sozial fragwürdigen Bedingungen eingesetzt. Sie werden schlecht behandelt und oft werden die ohnedies schon niedrigen Mindestlöhne sogar ignoriert oder umgangen. Das ist in ganz Europa, ja auf der gesamten Erde so.
Aber um die Frage zu beantworten: Ja, ich bin der Meinung, dass ökologische Produktion auch den Umgang mit Menschen und deren Arbeitsbedingungen umfassen sollte. Nachhaltige Landwirtschaft ohne nachhaltige zwischenmenschliche Beziehungen ist unmöglich. Außerdem gibt es ja auch eine soziale Nachhaltigkeit. Ich finde aber, dass der Umgang mit Menschen *generell* wichtig sein sollte, nicht nur in der biologischen, sondern auch in der konventionellen Landwirtschaft. Das Problem sind – wieder einmal – die Betriebsdimension und die Wirtschaftsweise. Auf großen, industriellen

Farmen herrscht bis zu sieben Tage pro Woche die Akkordarbeit vor, beim Säen und Ernten, Sortieren und Verpacken. Und das sind keine angenehmen Tätigkeiten. Auf kleinen Höfen wie unserer Bleancamel Farm fallen zahlreiche unterschiedliche Arbeiten an. Unsere Mitarbeiter haben verschiedenste Aufgaben, für die sie auch das Know-how brauchen, das sie sich im Laufe der Zeit aneignen. Sie müssen in der Lage sein, mit Schafen und anderen Tieren zu arbeiten, Gemüse und Obst zu kultivieren, sich um unsere Kunden zu kümmern und so weiter. Akkordarbeit gibt es bei uns keine.

Anne Evans: Hinzu kommt, dass man auf kleineren Farmen wie unserer als Team arbeitet, in dem Menschen verschiedener Generationen vertreten sind. Wir haben nur Langzeitarbeitskräfte, die wir in die meisten unserer Entscheidungen einbinden.

Peter Segger: Die Arbeitsbedingungen in der Agrar- und Bio-Industrie, die an die Sklaverei erinnern, können gestoppt werden. Es ist nur eine Frage des Bewusstseins. Journalisten sind aufgefordert, über diese Arbeitswelten zu berichten und aufzuzeigen, wie Menschen in der Lebensmittelindustrie behandelt werden. In diesem Punkt hoffe ich wirklich auf die Medien! Die Industrie- und Handelskonzerne würden es hassen, wenn man ständig im Fernsehen sehen oder im Radio hören könnte, unter welchen Bedingungen Menschen unsere Nahrung herstellen. Dann müssten sie umdenken, müssten etwas ändern. Wenn wir genug Lärm machen, werden die Supermärkte und Discounter keine andere Wahl haben und etwas ändern *müssen*.

Clemens G. Arvay: Wie vermarkten Sie das Gemüse und die übrigen Erzeugnisse der Bleancamel Farm?

Peter Segger: Wir haben keine guten Erfahrungen mit den Handelskonzernen. In den 1990ern gehörten wir zu den Ersten, die an Supermärkte lieferten. Doch irgendwann kam dann der Punkt, an dem wir unser Gemüse aus dem westlichen Wales in den Osten von England hätten liefern müssen, von wo es dann über ganz Großbritannien verteilt worden wäre. Über diesen Umweg wären unsere Erzeugnisse zum Teil sogar wieder hier in West-Wales in den Supermarktfilialen gelandet. Das ist völlig verrückt! Wir fanden diese Idee ökologisch nicht sinnvoll und hätten uns die weite Anlieferung ans andere Ende des Landes gar nicht leisten können, also gaben wir die Zusammenarbeit mit Supermärkten wieder auf. Und das war großartig, denn in der Zwischenzeit hatten sich neue Kanäle für Direktvermarkter entwickelt. Die Idee der Bio-Kiste war entstanden und immer mehr ökologische Bauern fingen an, biologische Erzeugnisse direkt an die Verbraucher zuzustellen. Zuerst lieferten wir an einen Bio-Kistenzusteller, der eigentlich nichts anderes als ein Händler war und der, so wie die Konzerne, immer größer wurde. Sie wollten dort ganze Lastwagen voll Gemüse, aber wir produzieren nun einmal nicht so viel. So gaben wir auch diese Zusammenarbeit wieder auf, weil wir einen wichtigen Grundsatz haben: Wir möchten nicht größer werden, sondern uns mit dem Stück Land beschäftigen, das wir derzeit haben. Wir glauben, es ist – auf globaler Ebene – der falsche Weg, dass landwirtschaftliche Betriebe wachsen und wachsen. Wir brauchen kleinstrukturierte, vielfältige Betriebe, die unabhängig sind. Dann haben auch wieder mehr Bauern die Chance, ihre Höfe über Wasser zu halten.

Anne Evans: Wir stellten dann mit einem unserer Söhne ein eigenes Zustellservice für Bio-Kisten auf die Beine. Unsere Erzeugnisse werden an Haushalte und Restaurants in und rund um Cardiff geliefert, das ist die Hauptstadt von Wales. Außerdem haben wir hier auf unserer Farm einen eigenen Hofladen.

Das Konzept der Bio-Kiste (auf Englisch: „organic box scheme"), das von Peter Segger und Anne Evans auf der walisischen Bleancamel Farm umgesetzt wird, erfreut sich in ganz Europa großer Bekannt- und Beliebtheit. Bei der Bio-Kiste sind grundsätzlich die folgenden Vermarktungsformen zu unterscheiden:

Vermarktungsformen von Bio-Kisten (organic box schemes)

Die Bio-Kiste als Handelsform

Wenn ein Unternehmen Ware in großen Mengen zukauft und dann über die Zustellung von Bio-Kisten an die Verbraucher vermarktet, wird das Konzept als eine Form des Lebensmittelhandels betrieben.

Die Bio-Kiste in der bäuerlichen Direktvermarktung

Wenn ein Produzent die eigene Ware in Form von Bio-Kisten an die Verbraucher zustellt, ist diese Vermarktungsform als Direktvermarktung anzusehen.

Die Bio-Kiste aus einem regionalen Bauernnetzwerk

Bio-Bauern schließen sich zu einem regionalen Kollektiv zusammen, über das sie ihre Ware gemeinsam durch die Zustellung von Bio-Kisten vermarkten.

Wer sichergehen will, mit dem Bezug einer Bio-Kiste regionale Bauern zu unterstützen und aus dem Großhandel zugekaufte Ware ausschließen möchte, ist gut beraten, sich an einen bäuerlichen Direktvermarkter zu wenden, der seine Ware vor die Haustüre zustellt. „Ich liefere zweimal pro Woche an meine Kunden im Wiener Raum", erzählte mir der österreichische Bio-Bauer Helmut Butolen im Waldviertel. „Handelsware hat in meinen Bio-Kisten aber nichts verloren. Die Nachfrage nach regionalen, bäuerlichen Zustelldiensten ist so groß, dass darin noch ein weites Betätigungsfeld für viele regionale Bauern bestünde."

Auf eine ungewöhnliche Form der Bio-Kistenzustellung – eigentlich eher eine Bio-Paketzustellung per Post – stieß ich auf dem Betrieb der Familie Langerhorst im oberösterreichischen Hausruckviertel, von wo Kunden in ganz Österreich beliefert werden. Margarete Langerhorst gilt als eine der Vorreiterinnen der landwirtschaftlichen Mischkultur in Österreich. Zu dieser Anbaumethode hat sie bereits ein Fachbuch geschrieben. Dementsprechend groß ist auch die Vielfalt an verschiedenen Kulturpflanzenarten und -sorten auf dem Hof von Margarete und Jakobus Langerhorst, wo neben allerlei Wurzel-, Blatt- und Fruchtgemüse auch Obstbäume und Beerensträucher gedeihen. [Abb. 24] Die Langerhorsts kultivieren unter anderem eine hoch ertragreiche biologische Kiwi-Plantage im Freiland, auf der sie jeden Herbst reichlich Früchte verschiedener Kiwisorten ernten – von groß bis klein, süß bis säuerlich, behaart bis glattschalig.

In Steyerberg in Niedersachsen besuchte ich den biologisch wirtschaftenden Kleingemüsebauern Jean-Philippe Genetier, der aus Frankreich nach Deutschland ausgewandert ist. Auch er vermarktet sein Gemüse direkt über die Zustellung in Bio-Kisten. Der begeisterte Gemüsebauer ist ein Neueinsteiger in die Landwirtschaft, ein sogenannter „Neo-Bauer".

„Als ich 1987 in Frankreich mein Ingenieurdiplom für Energietechnik erhielt – für mich nur ein Stück Papier –, hatte ich ein schreckliches Gefühl", erinnerte sich Jean-Philippe Genetier. „Im Grunde konnte ich nichts Praktisches, ich hatte nur gelernt, in meinem Kopf Wissen anzusammeln. Zum Glück hatte ich nie aufgehört, handwerklich tätig zu sein, indem ich mein Brennholz stets selber hackte und meine Musikinstrumente regelmäßig spielte. Nach meinem Studium arbeitete ich in einem Büro für erneuerbare Energien, doch es machte mich nicht glücklich, den ganzen Tag über am Schreibtisch zu sitzen und auf dem Hin- und Rückweg auch noch im Auto. Ich verspürte die Sehnsucht, mit meinen Händen zu arbeiten und dabei in Kontakt mit der Natur zu sein. Als ich dann beruflich ein Projekt für Fotovoltaik in den Hochalmen des Nationalparks Vanoise in den Grajischen Alpen im Südosten Frankreichs umsetzen musste und dabei Bekanntschaften mit Bergbäuerinnen und Bergbauern machte und deren Art zu wirtschaften kennenlernte, entschloss ich mich, ein Jahr lang das Leben auf einem Bergbauernhof auszuprobieren: 1989 begann für mich in den Pyrenäen ein neues Leben. Ich lebte bei einer Bergbauernfamilie, erlernte den Umgang mit den Tieren und den Pflanzen und vollbrachte alle Arbeiten von Hand, ohne Maschinen. Ich war so begeistert, dass ich gleich zwei Jahre dranhing, in denen ich viel Nützliches über den Anbau von Gemüse, Getreide und Obst, über die Haltung von Ziegen, Rindern und Pferden sowie über die Käseherstellung und die Direktvermarktung lernte."

Jean-Philippe Genetier wollte nach diesen Erfahrungen auf keinen Fall mehr in ein Büro zurückkehren. Stattdessen erwarb er ein landwirtschaftliches Diplom.

„Im September 1993 war ich dann bereit, als Bauer durchzustarten", fuhr er fort. „Ich begab mich auf die Suche nach einem eigenen Bauernhof und wurde innerhalb von nur zwei Monaten auf 800 Meter Seehöhe in den Pyrenäen fündig. Es war genau, wie ich es mir erträumt hatte."

Im Frühjahr 1994 nahm Jean-Philippe Genetier auf steilen Bergwiesen von 25 Hektar seine Arbeit als Landwirt auf. Zwei Jahre später lief der Hof mit 3 Kühen, 25 Ziegen und 15 Milchschafen auf Hochtouren. Die Tiere wurden alle von Hand gemolken. Die Milchleistung betrug 80 Liter pro Tag, was unter extensiver bergbäuerlicher Wirtschaftsweise beachtlich ist. Selbst gemachte Käsesorten und Joghurt verkaufte Jean-Philippe vorwiegend auf biologischen Wochenmärkten.

„1999 gesellte sich meine Frau Regine, die aus Deutschland stammt, hinzu und ließ sich auf meinem Bergbauernhof in den Pyrenäen mit einer eigenen Töpferwerkstatt nieder. Wir bewirtschafteten den Hof noch weitere zehn Jahre erfolgreich, ehe wir 2009 nach Steyerberg in Deutschland zogen. Regine hatte Heimweh bekommen." Jean-Philippe lächelte.

Umgehend suchte er sich in Niedersachsen ein Stück Land zur Pacht, das er schon demnächst kaufen wird. Seit 2009 ist Jean-Philippe kein Bergbauer mehr, sondern baut im von Heidevegetation dominierten Steyerberg eine Vielzahl an biologischen Gemüsearten und -sorten an: verschiedenste Speisekürbisse und Zucchini, unterschiedlichste Tomaten- und Paprikasorten, Auberginen, Kartoffeln, Zwiebeln, Rote Rüben, die man in Deutschland als Rote Bete kennt, und andere Wurzelgemüse, Salate, Mangold, Spinat, versuchsweise sogar Erdnüsse im Folientunnel und vieles mehr. Jean-Philippe ist ein echter Vielfaltbauer. Er greift ausschließlich auf alte, samenfeste Sorten zurück, von denen er das Saatgut von Jahr zu Jahr selbst weitervermehrt, um die Schätze der Kulturpflanzenvielfalt zu bewahren und von der Agrarindustrie unabhängig zu sein. [Abb. 25]

Wie schon auf dem Bergbauernhof in den Pyrenäen, arbeitet Jean-Philippe auch auf seinem Gemüsebaubetrieb in Steyerberg ohne Maschinen. Er zeigte mir eine Stechgabel mit sieben Zinken und zwei Stielen – einem für die rechte und einem für die linke Hand. Unter Einsatz seines Körpergewichts und „ganz ohne Mühe", wie er mir versicherte, demonstrierte er, was das eigens aus Frankreich importierte Werkzeug alles konnte. Er rammte die sieben metallenen Zinken ins Erdreich und bewegte die Holzstiele in die Richtung des Bodens. Durch die Hebelwirkung schoben sich die Zinken durch die Erde nach oben, wobei sie das Erdreich anhoben und lockerten, ohne es aber zu wenden. „Das ist die perfekte Art, den Boden zu lockern. Alles bleibt im Gleichgewicht, die Bodenschichten werden nicht durcheinandergebracht." Gleichzeitig wurde die Grasnarbe mitsamt Wurzeln ausgehebelt und aus der Erde gezogen. Mit einer gekonnten Bewegung schob Jean-Philippe das liegen gebliebene Gras mit der monströsen Stechgabel zur Seite. Auf diese Weise entstand im Handumdrehen ein feinkrümeliges Saat- und Pflanzbeet. „So mache ich das überall auf meiner Fläche“, sagte Jean-Philippe. Seine Parzellen hat er in Halbkreisen angelegt, denn „wieso soll man immer nur gerade Linien haben?“

Wir begaben uns auf einen Spaziergang durch die Anlage. „Mein Ziel ist es, auf dieser Fläche wieder ein Gleichgewicht zwischen Bäumen, Sträuchern und den Gemüsepflanzen herzustellen. Die Bäume sind sehr wichtig, weil sie Feuchtigkeit und Mineralstoffe tief in der Erde aufnehmen und nach oben befördern. Außerdem beeinflussen sie das Klima positiv – global ebenso wie das lokale Klima auf meinen Feldern. Deswegen habe ich hier Streifen mit Gemüse, und dazwischen sind Streuobstbäume und Beerensträucher gepflanzt. Die 10 Gemüseparzellen sind 8 Meter lang und 50 Meter breit.“

Eine **Streuobstwiese** heißt deswegen so, weil auf ihr die Obstbäume nicht in Reih und Glied stehen, sondern verstreut. Es handelt sich um hochstämmige Bäume mit ausladenden Kronen. Diese Form des Obstbaus war üblich, bis die Streuobstwiese ab den 1970er-Jahren durch den industriellen Intensivobstbau mit seinen Spindelbäumen verdrängt wurde – auch bei biologischer Produktion. Ein Spindelbaum ist ein Baum mit kurzem Stamm, dessen Wachstum durch starke Schnittmaßnahmen reguliert wird. Solche Bäume werden weder groß noch alt, tragen aber früh und lassen sich mit schweren Maschinen pflegen und beernten. Streuobstwiesen hingegen sind heute nur mehr als Relikte vorhanden, obwohl sie extrem wertvolle Lebensräume für gefährdete Tier- und Pflanzenarten darstellen und als vielfältige Biotope mit zahlreichen ökologischen Nischen erkannt wurden.

Jean-Philippe Genetier möchte auf seiner Fläche zur Reaktivierung der altbewährten Streuobstkultur beitragen. Außerdem bewirtschaftet er, neben seinen Mischkulturen, ein kleines Kürbisfeld mit etwa 800 Quadratmetern, das jedes Jahr zwischen einer und eineinhalb Tonnen Hokkaidokürbisse abwirft, was 1.000 bis 1.500 Kilogramm entspricht.

Die wichtigsten Vorteile der Mischkultur auf einen Blick

Ökologie

Gegenseitige positive Beeinflussung der Pflanzenarten; gute Bodenbefestigung durch unterschiedliche Wurzeltiefen und Bewurzelungsmuster; gute Bodendeckung während der gesamten Saison, dadurch günstige Auswirkungen auf den Wasserhaushalt des Bodens; Schutz vor Bodenerosion.

Biodiversität

Beim Aufkommen von Schädlingen können die Ausfälle aufgrund der hohen Zahl unterschiedlicher Arten im Vergleich zur Monokultur minimiert werden; Erhalt der agrarischen Sortenvielfalt (Agrodiversität).

Versorgung

Gestaffelte Ernte, das heißt, die Erntezeiten der verschiedenen Kulturpflanzen greifen ineinander über oder wechseln einander ab; ganzjährig hohe Betriebs- und Vermarktungsvielfalt.

Formen der Mischkultur

Gestaffelte Mischkultur

Durchmischung nur während eines bestimmten Entwicklungsstadiums der Kultur (zum Beispiel durch Untersaat, also durch die Aussaat einer bodendeckenden Pflanzenart wie Klee unter der eigentlichen Kulturpflanze). Der Maschineneinsatz ist uneingeschränkt möglich.

Streifenmischkultur

Streifenweise, mehrjährige Anlage von einander abwechselnden Arten. Die Streifenabfolge beginnt nach dem Rotationsprinzip immer wieder von vorne. Bei dieser Form der Mischkultur ist die **maschinelle Bearbeitung mit angepassten Traktoren** möglich.

Reihenmischkultur

Reihenweiser Anbau von einander nach dem Rotationsprinzip abwechselnden Arten. Die Arbeit erfolgt händisch oder mit kleinen Maschinen wie Einachsschleppern und Motorhacken.

Echte Mischkultur

Durchmischte Kultivierung verschiedener Arten mit zufälliger Verteilung.

„Kann man als biologischer Kleingemüsebauer überleben?“, wollte ich von Jean-Philippe Genetier wissen.

„Man kann gut davon leben, wenn es gelingt, Alternativen zum Großhandel zu finden oder aufzubauen. Deswegen brauchen wir Bauern die Konsumenten. Die Verbraucherinnen und Verbraucher sind sehr wichtig, sie haben eine politische Rolle. Wenn man als Verbraucher industrielle, auch bio-industrielle Waren im Supermarkt kauft, dann ist das wie eine politische Wahl. Man gibt dann der Agrarindustrie die Stimme. Ich glaube aber, dass die Konsumentinnen und Konsumenten sich der Probleme mehr und mehr bewusst werden und beim Einkaufen immer besser aufpassen. Das ist der einzige Weg, um eine Landwirtschaft zu haben, die die Natur respektiert und die Menschen respektiert."

Jean-Philippe öffnete die Tür zu seinem Gemüselager, das bunt gefüllt war mit allen möglichen Wurzeln und Früchten in verschiedensten Farben, mit Salatköpfen und Kisten mit grünen Blättern, manche groß, andere klein, die einen einheitlich grün, die anderen in verschiedenen Farbtönen marmoriert oder gesprenkelt. „Ich vermarkte mein Gemüse über Abonnements von Bio-Kisten, die ich ein- bis zweimal pro Woche, je nach Vereinbarung, an die Kunden zustelle. Die bäuerliche Direktvermarktung bringt mir großen Nutzen. Auch die Konsumenten haben etwas davon: Sie wissen genau, wer ihr Gemüse angebaut hat, können meinen Betrieb jederzeit besichtigen und bekommen nur die frischeste Ware."

Einmal, im Februar 2010, da legte Jean-Philippe seinen Kunden einen handgeschriebenen Brief in die Bio-Kisten, den er vervielfältigt hatte und worin er darlegte, weshalb wir beim Einkaufen bewusste Entscheidungen treffen sollten, um die Entwicklung in der Landwirtschaft mit zu beeinflussen. Es folgt ein Auszug aus dem Schreiben, das Jean-Philippe den „Gärtnerbrief" nannte:

Wenn Ihr Bio-Gemüse im Supermarkt, bei Discountern oder in großen Bio-Märkten kauft, was passiert dann?

1) Ihr fördert nur die größten Bauern, welche die größten Mengen liefern können und sich billige Preise pro Wareneinheit leisten können. Das sind spezialisierte Landwirte, die industriell arbeiten, was immer unter hohem Einsatz von Erdöl und mit unterbezahlten Arbeitskräften geschieht.

2) Solche Produkte werden über weite Strecken transportiert – noch mehr Erdöl, Verschmutzung, Lärm, Energieverschwendung ... Die Nachfrage wird immer größer, aber die regionalen Bauern immer weniger: Ein Teufelskreis.

3) Weil im Supermarkt immer alles zu jeder Jahreszeit verfügbar sein muss, verlieren wir unser Wissen über saisonales und lokal angepasstes Obst und Gemüse. Denkt an die Birnen aus Argentinien oder die Haselnüsse aus Kalifornien. Ein Beispiel: Ein Kilogramm Erdbeeren in der Saison, in Deutschland angebaut, braucht 0,2 Liter Erdöl im Anbau und im Transport. Ein Kilogramm importierter Erdbeeren, zum Beispiel im März gekauft, braucht 5 Liter Öl, also 25 Mal so viel. Deswegen ist die Herkunft mindestens so wichtig wie die Biozertifizierung, wenn nicht sogar wichtiger. Merkwürdigerweise ist die Herkunft von Bioprodukten in Deutschland sehr selten auf den Produkten vermerkt.

4) Weiterhin sind die Profitinteressen für die Bio-Vermarktung heutzutage so groß, dass die Sicherheit von Herkunft und Zertifizierung oft nicht gegeben ist – trotz ansprechender Aufmachung. Freunde, die auf einem Bauernhof in Andalusien Bio-Obst anbauen, haben uns versichert, dass ein großer Teil der spanischen Bio-Avocados trotz offizieller Zertifikate gar nicht aus biologischem Anbau stammt.

5) Das Schlimmste ist vielleicht, dass nur die Hälfte des Gemüses aus dem Großhandel wirklich auf dem Teller der Verbraucher landet. Ein Teil der Waren wird schon im Vorfeld aussortiert (zu groß, zu klein, leichter Makel oder einfach ohne Absatzmarkt), ein weiterer Teil verdirbt beim Transport, bei der Lagerung oder in den Regalen der Supermärkte.

Und was passiert, wenn Ihr Gemüse regional und möglichst vom Bauern kauft?

1) Hier landet der Großteil des Gemüses wirklich auf dem Teller, weil auch „zu großen", „zu kleinen" oder „unförmigen" Wurzeln und Früchten ein Wert zugesprochen wird.

2) *Der Betrieb kann besucht werden und man kann den Bauern kennenlernen. Er kann Euch zeigen und erklären, wie er arbeitet und Euch die Erzeugnisse probieren lassen. So bildet sich ein Vertrauensverhältnis zwischen Produzenten und Konsumenten.*
3) *Der Kontakt zwischen Bauern und Verbrauchern führt dazu, dass man miteinander kommunizieren kann. Durch die kleinteiligen Anbaumethoden und die vielfältigen Kulturen kann der Bauer besser auf die Wünsche seiner Kunden eingehen.*
4) *In der kleinstrukturierten, bäuerlichen Landwirtschaft gibt es mehr Arbeitsplätze pro Hektar Anbaufläche, die Landschaft wird durch Elemente wie Hecken, Bäume, kleine Felder und große Vielfalt an landwirtschaftlichen Kulturen aufgewertet.*
5) *Die Erträge pro Hektar sind in dieser Wirtschaftsform höher als in der Industrie und auch die Böden profitieren.*

Jean-Philippe Genetier deutete in seinem „Gärtnerbrief" einige Vorzüge der kleinteiligen und dezentralen Lebensmittelproduktion an. Es ist an der Zeit, die Frage zu stellen, inwiefern die kleinstrukturierte Landwirtschaft als Ausweg aus der Lebensmittelkrise infrage kommt und ob sie als realistische Alternative zur Lebensmittelindustrie geeignet ist.

Abb. 1: Dr. Wolf-Dieter Storl, Kulturanthropologe und Buchautor: „Wir brauchen wieder mehr Beziehung zur Landwirtschaft und zu unseren Lebensmitteln, dann ist das nichts Abstraktes mehr.“

Abb. 2: *Dieses Foto legte ich Wolf-Dieter Storl während unseres Gesprächs vor. Es zeigt Bio-Legehennen in einem Jungtierstall für die Bio-Hennen AG in Bayern.*

Abb. 3: Bio-Legehennenhaltung für d Heidegold GmbH in Deutschland. Z sehen ist die Volierenhaltung, wie sie wohl in der konventionellen als auch der biologischen Eierproduktion üblich

Abb. 4: Die 12.000 Bio-Hennen, die auf diesem Betrieb für die Heidegold Gm gehalten wurden, waren nahezu ausnahmslos nackt und litten unter Entzündung In den Herden war Federnkannibalismus ausgebrochen.

›. 5: Typische Auslaufsituation in der industrialisierten Bio-Legehennenhaltung, wie ier bei einem Erzeuger für die deutsche Heidegold GmbH. Der Großteil der Tiere, d das sind in jeder Stalleinheit Tausende, hält sich immer im Stall auf, während der uslauf kaum genutzt wird. Dennoch fällt diese Haltungsform unter „Biohaltung", die manchmal werbewirksam sogar als „Bio-Freilandhaltung" bezeichnet wird.

›. 6: Bio-Legehennenhaltung in erreich. In diesem Betrieb n die Hennen ihre Bio-Eier für ück Zum Ursprung (HOFER), Natürlich (REWE), Natur*pur AR) und andere Bio-Marken Landes.

Abb. 7: Biologische Hähnchenmast in Österreich für Zurück Zum Ursprung (HOFER). In der Bio-Hühnermast leben entsprechend den EU-Richtlinien für ökologischen Landbau zehn Tiere pro Quadratmeter Stallfläche und der Auslauf ist dort ebenso problematisch wie bei Legehennen.

Abb. 8: Die Haltung von überschaubaren Geflügelherden in mobilen Einzelställen auf dem Biohof Bauck in Klein Süstedt, Niedersachsen.

Abb. 9: Biobauer Carsten Bauck in Niedersachsen, Deutschland, wirtscha unabhängig von Industrie und Handelskonzernen.

Abb. 10: Diese Abbildung zeigt eine der zahlreichen Produktionsstandorte des Lohmann-Konzerns in Deutschland, wo in fensterlosen Hallen Zuchttier für Hybridlinien wie für den Legetypus Lohmann Brown Classic gehalten werd der sowohl in der konventionellen als auch in der biologischen Eierproduktio weltweit zum Einsatz kommt.

Abb. 11: Im Oktober 2012 stattete ich der Firma KellyBronze im englischen Essex einen Besuch ab, um mehr über die Hybridputenzucht des Unternehmens in Erfahrung zu bringen.

Abb. 12: In solchen fensterlosen Hallen leben die unmittelbaren Vorfahren der schwarz gefiederten Hybridpute der Firma KellyBronze, die von Ja!Natürlich (REWE Österreich) in der Werbung fälschlicherweise als „Rasse“ bezeichnet wird.

Abb. 13: Konventionelle Freilandputen („free range turkeys") der Hybridlini[e] „KellyBronze" in England, bestimmt für den britischen Weihnachtsmarkt.

Abb. 14: Big-6-Hybridputen ohne Hähne in der biologischen Landwirtschaft mit Naturland-Zertifikat. Zu sehen ist ein Stall des Biohofes Tiemann, eines der größten Produktions- und Vermarktungsunternehmen für biologische Eier und Bio-Geflügelfleisch in Deutschland. Unter anderem landet das Fleisch dieser Bio-Puten in HIPP-Babynahrung. Die Mehrzahl der Putenherden in diesem Betrieb erhält laut Angaben des Produzenten Antibiotika.

Abb. 15: „Ich habe eine Geschichte über Supermärkte aus eigener Erfahrung zu erzählen", sagte der walisische Biobauer Sam Holden am Beginn unseres Gesprächs.

*. 16: Diese Aufnahme zeigt eine Kiste mit verschiedenen samenfesten Auberginen-
en. Die enorme Sorten- und Geschmacksvielfalt unserer Kulturpflanzen bleibt den
eisten Konsumenten verborgen. Aufgrund des allgemeinen Umstiegs auf Hybrid-
ıtgut nimmt die biokulturelle Vielfalt der Kulturpflanzensorten immer weiter ab.
Ein Jahrtausende altes Menschheitserbe steht kurz davor, dem Profitstreben
der Konzerne endgültig geopfert zu werden.*

Abb. 17: Ben Gable, Pflanzengenetiker in Großbritannien und Gründer des Saatgutunternehmens Real Seeds, tritt für den Erhalt samenfester Gemüsesorten ein und warnt vor den Gefahren der überhandnehmenden Hybridtechnologie.

Abb. 18: Mobilstall für Legehennen in der Obstanlage von Daniel Hobericht in Engl

*·b. 19: Im Inneren des Stalles von Daniel Hobericht leben die Hennen ungestört
e arteigenen Verhaltensweisen aus. Die Kommunikation der Tiere untereinander
funktioniert und es herrscht eine stabile soziale Ordnung.*

Abb. 20: Zweinutzungshühner Le Bleu am Biohof Hetzenecker in Bayern.

*Abb. 21:
Biobauer Christian Hetzenecker:
„Bio boomt im Supermarkt.
Aber nicht bei den Landwirten."*

*Abb. 22:
Peter Segger präsentiert den humusreichen Boden in einem der Glashäuser seiner Bleancamel Farm (Wales): „Für echte Nachhaltigkeit müssen wir den Aspekt der Zukunft in unsere Böden bringen."
Der Aufbau des Humusgehalts im Boden durch guten Kompost spielte schon für die Pioniere des Ökolandbaus eine wichtige Rolle.*

Abb. 23: Peter Segger und Anne Evans betreiben gemeinsam die Bleancamel Farm in Wales, Großbritannien.

). 24: Bio-Kistenzustellung einmal 'ers: Margarete und Jakobus Langer-st (Oberösterreich) verschicken ihr st und Gemüse per Post zu ihren ıden in ganz Österreich.

Abb. 25: „Die Sorten, die interessant sind, sind solche, die viel Geschmack haben und die an die Region angepasst sind“, sagt Jean-Philippe Genetier, ein Biobauer aus Frankreich.

Abb. 26:
Biobauer Joel Hesch baut in seinem „Garten der Früchte“ im österreichischen Südburgenland eine Vielfalt von alten und samenfesten Gemüsesorten an und pflegt eine Streuobstwiese mit Hochstammbäumen sowie einen extensiven Beerenobstgarten mit Himbeeren, Brombeeren, Stachelbeeren, Johannisbeeren und der japanischen Weinbeere. Im Bild zu sehen ist eine Auswahl an samenfesten Tomaten- und Paprikasorten.

Abb. 27: Die drei Landwirte am Kehdinger Appelhoff bei Drochtersen an de Nordsee setzen sich engagiert für den Erhalt alter, fast vergessener Obstsorten e Von links nach rechts: Dieter Meyer, Georg von Borstel und Klaus-Peter Nag

b. 28: Alte Apfelsorten wie der Finkenwerder Prinz aus Norddeutschland sind ·t nur optisch einwandfrei, geschmacklich erstklassig und lassen sich gut lagern, ndern bringen jedes Jahr auch hohe Ernteerträge. Sie brauchen sich qualitativ hinter keiner einzigen der modernen Industrieobstbausorten zu verstecken.

b. 29: Die alten Apfelsorten am Kehdinger Appelhoff bestechen durch makel- se Optik, obwohl sie im Gegensatz zu herkömmlichen Bio-Äpfeln ungespritzt nd. „70 Prozent unserer Äpfel haben einen Durchmesser von 80 Millimetern und mehr“, weiß Georg von Borstel.

Abb. 30: Ernst Hermann Maier ist in den deutschen Medien als „Der Rinderflüsterer" bekannt.

Abb. 31: Jane Faith, Bio-Gärtnerin und Selbstversorgerin, Pembrokeshi Wales (Großbritannien).

Abb. 32: Bio-Freilandschweine auf dem Markushof bei Heidelberg (Deutschland) leben ganzjährig im Freien.

›. 33: Freilandschweine auf der lehurst Farm in der Nähe London.

. 34: Auf der Tablehurst Farm den 60 Sussex-Rinder gehalten, eine britische Rasse.

Abb. 35: Peter Brown, Tablehurst Farm, England

Abb. 36: „Die solidarische Landwirtschaft ist die Landwirtschaft der Zukunft", sagt Mathias von Mirbach vom Kattendorfer Hof nördlich von Hamburg.

Abb. 37: Lisa Pfleger und Michael Hartl vor ihrem südburgenländischen Bauernhaus in Österreich, wo sie ihr „Experiment Selbstversorgung" durchführen.

Abb. 38: Der Ökolandwirt Max vo Grafenstein ist Initiator des Projekt „Bauerngarten Berlin".

V. Let's Feed the World – Plädoyer für ein dezentrales Lebensmittelsystem

„Wir müssen auf kleine Produzenten zurückgreifen, möglichst regionale, die Siegel nicht entwickeln, um den Kunden zu betrügen, sondern um ihm eine Möglichkeit zu bieten."

(Wilfried Huismann, Dokumentarfilmer und Buchautor, dreifacher Träger des Adolf-Grimme-Preises)

Die kleinstrukturierte Landwirtschaft

Was ist eigentlich „kleinstrukturierte" oder „kleinteilige Landwirtschaft"? Die unten stehende Tabelle liefert nicht nur notwendige Antwort darauf, sondern grenzt die kleinstrukturierte Landwirtschaft auch von der industriellen schematisch ab. Man beachte, dass die beiden Wirtschaftsweisen dabei als Idealtypen einander gegenübergestellt werden. In der Praxis werden wir auch auf Betriebe stoßen, die Aspekte beider Typen vereinen und somit als „tendenziell das eine oder tendenziell das andere" eingestuft werden müssen.

kleinstrukturierte Landwirtschaft

- dezentral getragen durch Bauern und regionale Netzwerke
- verkürzte Wertschöpfungsketten
- Kontakt zwischen Konsumenten und Produzenten möglich
- kurze Transportwege

- Weiterverarbeitung in Klein- und Mittelbetrieben der Region (Metzgereien, Bäckereien, Molkereien etc.)
- kleinräumige, vielstrukturierte Anbaumethoden
- hohe Agrodiversität und individuelle Hofgestaltung
- angepasste Technologien
- regional angepasste Kulturpflanzenarten und Kulturtierrassen

industrielle Landwirtschaft

- zentral gesteuert durch Agrarindustrie und Handelskonzerne
- komplexe, schwer durchschaubare Warenflüsse zwischen Erzeugern, Groß- und Zwischenhändlern, Industriebetrieben und Handelskonzernen
- anonyme Produktion
- lange Transporte, Sortierung und Verpackung von Erzeugung und Produktion getrennt, oft über Landesgrenzen hinweg
- Weiterverarbeitung durch Monopolkonzerne der Industrie – auch bei Bio
- industrielle Monokultur und intensive Tierhaltung
- Anpassungszwang, Einheitsproduktion
- Zwang zum Rückgriff auf Saatgut und Züchtungen der Agroindustrie

Zwei Dinge möchte ich gleich vorausschicken: „Die industriell agierende Landwirtschaft wird uns in Zukunft nicht mehr ernähren können."[39] Und: „Die Industrialisierung [der Landwirtschaft]

39 Quelle: www.wernerlampert.com, Menüpunkt „Im Interview", „Werner Lampert zum Bio-Landbau", Stand: 28.12.2012

ist absurd."[40] Diese beiden Aussagen stammen von Werner Lampert, dem Frontman der Biomarke *Zurück Zum Ursprung* von HOFER (ALDI SÜD in Österreich). Seinen Feststellungen kann man nur beipflichten, wenn es auch ein wenig verwundert, dass ausgerechnet der Kopf einer industrialisierten Bio-Marke gegen industrielle Methoden in der Landwirtschaft ins Horn bläst. Werner Lampert und *Zurück Zum Ursprung* stehen für den ausschließlichen Einsatz von Hybridzüchtungen wie dem industriellen „Designerhuhn" aus der JA-757-Familie von Hubbard oder der Legehenne Lohmann Brown Classic sowie für Hybridsaatgut im Gemüsebau, das seine Fähigkeit zur biologischen Vermehrung bereits verloren hat. Lampert und *Zurück Zum Ursprung* stehen außerdem für Brotfabriken, die so groß sind, dass die Mitarbeiterinnen und Mitarbeiter darin mit Fahrrädern umherfahren müssen, für Brutfabriken mit rasenden Kükenfließbändern, auf denen die männlichen Tiere voll automatisiert „homogenisiert" oder in einer Gasanlage getötet werden. Sie stehen für Arbeitsplätze in industrieller Akkordarbeit sowie für zentrale Hühnerschlachthöfe, in denen drei Tiere pro Sekunde auf dem Fließband das Leben verlieren – kurzum: für eine sehr erdölabhängige Form der Bio-Landwirtschaft und Bio-Lebensmittelverarbeitung durch die konventionelle Lebensmittelindustrie.

Dass sich Werner Lampert eben doch mit der industrialisierten Bio-Landwirtschaft identifiziert, zeigt seine Antwort auf eine andere Frage im *selben* Interview. „Was sagen Sie zu dem Argument, [...] die großen, industrialisierten Bauern würden den wahren Bio-Grundsatz nicht vertreten?" Werner Lamperts Antwort: „Dieses Argument ist aus einer *Dummheit* genährt [...]."

Um die Verwirrung noch größer zu machen: Im November 2011 sagte er im Interview mit dem österreichischen „Wirtschafts-

40 Quelle: www.derstandard.at, 13.09.2009, „Absurde Industrialisierung"

blatt", die *kleinstrukturierte* Landwirtschaft könne „eine Qualität produzieren, nach der wir alle noch verrückt sein werden".[41]

Im Jahr 2012 zeigte sich Lampert in mehreren Interviews von seiner diskontfreundlichsten Seite, indem er öffentlich aussagte: „Echtes Bio geht heute nur noch beim Diskonter"[42].

Einer der Gründe, weshalb der HOFERsche Bio-Pionier trotz aller Widersprüchlichkeit zwischen seinen Aussagen auf der einen und der industrialisierten Produktionsrealität bei *Zurück Zum Ursprung* auf der anderen Seite völlig recht hat, wenn er ein Ende der industriellen Methoden auf dem Agrar- und Lebensmittelsektor und die Hinwendung zur kleinstrukturierten Landwirtschaft fordert, trägt einen öffentlichkeitsbekannten Namen: „Erdölknappheit".

Fossile Brennstoffe werden immer teurer, ihre globalen Reserven immer weniger. Unabhängig davon, dass kein Mensch die Tatsache bestreiten kann, dass unsere Erdölvorräte begrenzt sind und sich erschöpfen werden, ist die industrialisierte, erdölbasierte Landwirtschaft noch dazu ein wichtiger Faktor des Treibhauseffektes und des vom Menschen verursachten Anteils am Klimawandel. Aus einem globalen Verantwortungsgefühl muss sich also – sofern wir den nächsten Generationen neben lebenswerten Umweltbedingungen eine intakte und zukunftsfähige Landwirtschaft hinterlassen möchten – der gemeinsame Wille erheben, die Produktion unserer Lebensmittel deutlich weniger abhängig von fossilen Brennstoffen zu machen und daher Alternativen zu entwickeln, welche die Agrar- und Lebensmittelindustrie ablösen werden.

Die kleinstrukturierte bäuerliche Landwirtschaft war über Jahrtausende und noch weit bis ins 20. Jahrhundert die Grundlage der Gesellschaft. Menschliches Leben und Überleben werden seit

41 Quelle: www.wirtschaftsblatt.at, 04.11.2011, Thomas Pressberger, „Echtes Bio geht heute nur noch beim Diskonter"

42 Quelle: www.wirtschaftsblatt.at, 04.11.2011, Thomas Pressberger, „Echtes Bio geht heute nur noch beim Diskonter"

der Erfindung des Ackerbaus vor etwa 10.000 bis 11.000 Jahren von ihr getragen. Die industrielle Landwirtschaft wird menschheitsgeschichtlich nichts weiter als ein kurzes, unbedeutendes Aufflackern marktwirtschaftlicher Kommerz- und Profitinteressen in einem gesellschaftlichen *Lebens*bereich sein, der irrtümlicherweise dem Machthunger der Lebensmittelkonzerne und den Gesetzen der freien Marktwirtschaft geopfert wurde. Diesen Irrtum gilt es nun auszubügeln. Vergessen wir nicht, dass noch heute – sieht man von den Wohlstandsinseln der Industrienationen ab – die Menschen auf der Erde mehrheitlich von Kleinbauern ernährt werden, wenn diese auch zusehends in Bedrängnis geraten.

„Für die Agrarkonzerne und die ihnen hörigen Regierungen gelten ausschließlich die zivilen und politischen Menschenrechte (Meinungs-, Religions- und Versammlungsfreiheit, Recht auf physische Integrität, auf Migration etc.). Für die wirtschaftlichen, sozialen und kulturellen Menschenrechte, so ihre Argumentation, sei allein der Markt zuständig. [...] Jeder normative Eingriff ins Marktgeschehen sei strikt abzulehnen“[43], schreibt der ehemalige UN-Sonderberichterstatter für das Recht auf Nahrung, Jean Ziegler, in seinem Buch „Wir lassen sie verhungern“.

In Europa wäscht man sich ja am liebsten die Hände in Unschuld, ganz nach dem Motto: „Was bitte soll der Hunger in der Welt mit uns zu tun haben?“

„Nun: mehr als uns lieb sein dürfte“, muss die nüchterne Antwort lauten, denn die Zusammenhänge zwischen unserer industriellen Lebensmittelpraxis und der Armut in der Welt sind nicht zu leugnen. Ich nehme als Beispiel die Geflügelindustrie Europas. Ich habe bereits gezeigt, dass diese sogar im Bio-Bereich zu einer hämmernden Industrie mit rasender Fließbandproduktion geworden ist. Ähnlich wie bei Obst und Gemüse geht es den Lebensmittelkonzernen bei Hühner- und Putenfleisch nicht etwa

43 Ziegler Jean, Wir lassen sie verhungern – Die Massenvernichtung in der Dritten Welt, S. 139, C. Bertelsmann, München, 2011

darum, die Menschen zu ernähren, sondern um den größtmöglichen Profit. Die Rechnung ist ganz einfach: Der ohnedies bereits astronomisch hohe Fleischkonsum in Europa wird durch die Industrie noch angekurbelt, indem kräftig in der Werbetrommel gerührt wird – so mit „überglücklichen Hühnern“ und „artgerechter Tierhaltung“. „Bauernglück“ ist etwa der Name eines Labels für Fleisch, das in Deutschlands Supermärkten und Discountern verkauft wird.

So weit, so gut. Es gelingt der Geflügelindustrie also sehr effektiv, durch Werbung für *noch* höhere Absätze zu sorgen, sodass in ihren zentralen Schlachthöfen *noch* mehr konventionell sowie biologisch gemästete Hühner und Puten von Hubstaplern aufs Fließband gekippt werden können.

Im Jahr 2011 sah ich mich in einem Geflügelschlachthof in Oberösterreich um, wo allein am Tag meines Besuchs 140.000 Hühner geschlachtet wurden, von denen ein Teil Bio-Hühner waren. Die Firma liefert Geflügelfleisch an mehrere Supermärkte und Discounter in ganz Österreich und sogar in andere Länder, wie zum Beispiel nach Deutschland. Nun hat der europäische Wohlstandsmarkt aber die unangenehme Eigenheit, dass fast ausschließlich die Brustfilets der Hühner und Puten Absatz finden, neben ein paar plastikverschweißten Brathähnchen und Hühnerkeulen. Dies gilt sowohl für biologisches als auch für konventionelles Fleisch. Teile der toten Vögel, die in Europa niemand will, werden zu Dumpingpreisen in gigantischen Mengen nach Afrika, Asien und teilweise auch nach Südamerika exportiert. Diesen Umstand verkaufte mir der Mitarbeiter des Schlachthofes, der mich durch die riesige Anlage führte, als rühmliche Maßnahme, denn immerhin „werfen wir auch die minderwertigen Teile nicht weg. Die werden exportiert, zum Beispiel nach Afrika.“[44] Das gilt auch für die Teile der *Bio*-Hühner, die hierzu-

44 Arvay Clemens G., Der große Bio-Schmäh – Wie uns die Lebensmittelkonzerne an der Nase herumführen, S. 57–60, Verlag Carl Ueberreuter, Wien, 2012

lande einfach niemand kauft. Auch in diesem Fall kommt die bewährte Faustregel zu tragen, dass das Gesagte für die gesamte europäische Geflügelindustrie gilt.

Pikanterweise ist der massenhafte Export minderwertiger Teile aus der (Bio-)Fleischindustrie keine so positive Angelegenheit, wie es uns die Unternehmer glauben lassen möchten. Die Ware, die zu Billigpreisen in die Länder des Südens exportiert wird, ruiniert nämlich vor Ort die lokalen Märkte der ansässigen Geflügelbauern. Aus Afrika beispielsweise empfangen wir immer wieder Nachrichten über Landwirte, die Selbstmord begingen, weil sie keine wirtschaftliche Zukunft mehr für ihre Betriebe sahen. Das Dumping-Geflügelfleisch, das bei uns in Europa keiner will, wird – nicht selten matschig und vollgestopft mit Krankheitserregern – nach langen Transporten zu niedrigen Preisen auf den Marktplätzen benachteiligter Regionen verkauft.

Dies ist ein klarer Hinweis auf die Zusammenhänge zwischen der Wirtschaftsweise unserer Lebensmittelindustrie und der Situation in anderen Ländern. Man denke aber auch daran, dass in so manchem konventionellen sowie biologischen Fleischprodukt Europas bereits importierte Futtermittel aus den Ländern des Südens stecken, was die Sache noch anstößiger macht.

Während wir, je nach Produktgruppe, bis zu 50 Prozent der Ware aus marktwirtschaftlichen und kosmetischen Gründen einfach wegwerfen[45], hungert weltweit eine Milliarde Menschen permanent, obwohl es genügend Agrarflächen gäbe, um Lebensmittel für zwölf Milliarden zu erzeugen[46]. Derzeit leben auf der Erde aber nur sieben Milliarden Menschen.

---

45 Kreutzberger Stefan, Thurn Valentin, Die Essensvernichter, S. 24, Kiepenheuer & Witsch, Köln, 2011

46 Choplin Gérard, Strickner Alexandra, Trouvé Aurélie (Hg.), Ernährungssouveränität – Für eine andere Agrar- und Lebensmittelpolitik in Europa, S. 15, Mandelbaum Verlag, Wien, 2009

Obwohl die landwirtschaftlichen Ressourcen des Planeten also ausreichen würden, um alle Menschen sogar mit Überschuss zu ernähren, leidet ein Siebtel der Weltbevölkerung ständig an Hungersnot. Diese Menschen leben überwiegend im globalen Süden. Etwa 40 Millionen Menschen sind es in Europa, die unter Nahrungsmittelarmut leiden. Das Recht auf Nahrung ist als Menschenrecht zu betrachten. Dennoch wird es großen Teilen der Bevölkerung nicht zuteil, obwohl genug für alle da sein könnte. Aufgrund der agrarischen Subventionspolitik und des wirtschaftlichen Verhaltens der Industrienationen verlieren im Süden jeden Tag Tausende von Bauern ihr Land und müssen in die städtischen Slums ziehen, wo sie keine Lebensgrundlage haben. In den *selben* Ländern werden Futtermittel für die Fleischproduktion der Industriestaaten angebaut – auch für Fast Food, „Junk Food“ und für völlig unnötige Luxusprodukte und sogar oft für Bio-Produkte.

90 Prozent der Sojaerträge Lateinamerikas gehen in die Tiermast der Industrieländer, während die ansässige Bevölkerung von der reichen Ernte nichts erhält.

Ich wiederhole mich: Mit den derzeit weltweit verfügbaren Ackerflächen könnten zwölf Milliarden Menschen ernährt werden, also fast das Doppelte der derzeitigen Weltbevölkerung! Ein Hektar Land ernährt bei pflanzlicher Produktion 30 Menschen. Über die Fleischindustrie können pro Hektar nur sechs bis acht Menschen ernährt werden[47]. Dennoch steigt der Fleischkonsum in Europa jährlich an und auch der Junk-Food-Markt mit Fleischprodukten wächst. Von einer Bedarfsproduktion kann hierzulande keine Rede mehr sein. Die Spirale dreht sich immer weiter, die Kluft zwischen Arm und Reich – zwischen Nord und Süd – wird immer größer.

---

47 Choplin Gérard, Strickner Alexandra, Trouvé Aurélie (Hg.), Ernährungssouveränität – Für eine andere Agrar- und Lebensmittelpolitik in Europa, S. 18, Mandelbaum Verlag, Wien, 2009

Im Zentrum steht die Frage: Wie gehen wir mit einer Industrie um, die der nachhaltigen und sozial gerechten Entwicklung des Ernährungssystems gegenübersteht? Mit einer Branche, die nicht Landwirtschaft betreibt und Lebensmittel herstellt, um den Ernährungsbedarf der Menschheit zu decken, sondern ausschließlich zum Zwecke der Profitmaximierung?

Angesichts der dramatischen globalen Situation, auch der Verteilungssituation, erscheint es nötig, die Lebensmittelindustrie in ihrer derzeitigen Form zu *überwinden* und das Lebensmittelsystem nachhaltig und grundlegend zu reformieren. Der (Wieder-)Aufbau dezentraler, kleinstrukturierter Produktions- und Verteilungssysteme ist ein wichtiger Schritt in dieser Entwicklung.

Peter Segger von der walisischen Bleancamel Farm bedauerte den sozialen, kulturellen und landschaftlichen Abbau ruraler, also ländlicher Regionen. Diese negative Entwicklung kann durch die Stärkung der kleinstrukturierten bäuerlichen Landwirtschaft wieder rückgängig gemacht werden. Klein- und Mittelbetriebe würden sich vom Zwang des Wachsens oder Weichens, der von der Industrie ausgeht, erholen. Die Anzahl der Bauern würde wieder steigen, sodass erstens weniger Menschen unfreiwillig aus der Landwirtschaft aussteigen müssten und zweitens die Anreize wieder mehr würden, neu in die Landwirtschaft einzusteigen – so wie Jean-Philippe Genetier aus Frankreich.

Viele würden unter besseren Bedingungen und wenn sie eine Chance auf wirtschaftlichen Bestand sehen würden, eine landwirtschaftliche Tätigkeit aufnehmen. Ich selbst gehöre zu diesen Menschen. Und ich kenne auch die Schwierigkeiten, die sich angehenden Bauern in den Weg stellen. Das beginnt schon beim Zugang zu Land: Als ich in „mein“ Dorf im Südosten Österreichs zog und mich sogleich auf die Suche nach landwirtschaftlichen Flächen machte, stieß ich bei den Landwirten der Region zunächst auf taube Ohren. Niemand wollte mir auch nur einen Hektar verpachten. Wo immer ich anfragte, erhielt ich ähnliche

Antworten: „Wir würden eher größer werden. Abtreten können wir nichts." Oder: „In Zeiten wie diesen hat man nie genug Land. Alles geht über Größe und Menge, Sie wissen ja, wie das ist. Es tut mir leid." Solche und ähnliche Antworten erhielt ich sogar von den größten Bio-Bauern unserer Region, die 500 bis 600 Hektar bewirtschaften. Das sind fünf bis sechs Quadratkilometer.

> Es gibt unzählige willige Menschen, die entweder gerne in die Landwirtschaft einsteigen würden oder – auch das ist häufig der Fall – alles dafür geben würden, ihre Landwirtschaft nicht auflassen zu müssen. Doch durch die Industrialisierung und den von den Handelskonzernen ausgehenden Wachstumsdruck ist nur mehr Platz für die ganz Großen anstatt für viele Kleine und Mittlere. Diese Entwicklung wird von der Industrie beschönigend als „**Strukturbereinigung**" bezeichnet, obwohl es nichts anderes als das Bauernsterben ist – die systematische Vernichtung der Klein- und Mittelbetriebe in Landwirtschaft und Lebensmittelproduktion unter dem Zwang des Wachsens oder Weichens.

Kleinstrukturierte Betriebe könnten auf derselben Fläche mehr Menschen beschäftigen und würden dabei Arbeitsplätze schaffen, die im Gegensatz zu jenen in der Industrie zumutbar und menschenwürdig wären, ja vielleicht sogar Freude schaffen würden. Gleichzeitig hat die kleinteilige, bäuerliche Landwirtschaft das Potenzial, bei höheren Flächenerträgen weniger fossile Brennstoffe zu schlucken als die Industrie. Sie fördert die Vielfältigkeit und den ästhetischen Wert der Landschaft sowie ihren Erholungsnutzen, bringt in vielen Fällen ein Mehr an Landschaftselementen mit sich, wie Hecken und Baumstreifen, Streuobstwiesen, Mischkulturanlagen, Trockensteinmauern und Feuchtbiotope, was wiederum die Biodiversität, also die biologische Artenvielfalt fördert, indem Lebensräume und Nischen für Tiere und Pflanzen geschaffen werden. Kleinstrukturierte Agrarflächen weisen, da die Flächen in höherem Maße „zerteilt" sind als bei großstrukturierter Wirtschaftsweise, stets mehr solcher Ökobrücken auf, an denen sich Tiere entlang bewegen, brüten oder nisten.

Dezentral zu wirtschaften bedeutet aber auch, die Art und Weise der Betriebsführung als Bauer und Produzent weitaus autonomer bestimmen zu können als unter Vertrag mit großen Handelskonzernen oder der Lebensmittelindustrie. Es kann sich eine Vielfalt an Betriebsformen und Produktkategorien entwickeln, während sich ein Phänomen einstellen würde, das seit Jahrzehnten aufgrund des Zwangs zur Massen- und Einheitsproduktion zurückgedrängt wird: die *„Hofindividualität"*. Landwirtschaftliche Betriebe, die weniger stark in ein zentralistisches Vermarktungssystem eingebunden sind, an dessen Spitze die Lebensmittelkonzerne stehen, haben eher das Potenzial, ihre Höfe nach ihren eigenen Vorstellungen und Idealen sowie gemäß den Wünschen ihrer Kunden zu führen. Sie können gewissermaßen ihre „Handschrift" umsetzen, sich entfalten und verwirklichen, indem sie ihrem jeweils eigenen Hof einen unverwechselbaren Charakter – eben die Hofindividualität – verleihen.

Nur in dezentralen, kleinteiligen Produktions- und Vermarktungssystemen wird der Erhalt biokultureller Vielfalt möglich, zu der auch der enorme genetische Schatz an alten, samenfesten Pflanzensorten und reinerbigen, vom Markt verdrängten Tierrassen zählt. [Abb. 26]

Als ich gegen Ende September 2012 im „Hus op'n Diek" im Cuxhavener Schiffshafen zu Mittag aß, lief im Radio ein Beitrag über den *Kehdinger Appelhoff*, der bei Drochtersen, nicht weit von Cuxhaven, direkt an der Elbe liegt. „Appelhoff" ist ein niederdeutscher Begriff für „Obstgarten". In diesem Betrieb setzt man sich engagiert für den Erhalt alter, in Vergessenheit geratener Obstsorten ein, wobei der Schwerpunkt auf Äpfeln und Birnen liegt. Es war wie ein Wink des Schicksals, wohl durch Zufall zur richtigen Zeit am richtigen Ort zu sein und diesen Radiobericht zu hören. „Nichts wie hin", dachte ich mir und griff sofort zu meinem Telefon, um zunächst den Radiosender anzurufen und Näheres über die Kontaktmöglichkeiten zum Kehdinger Appelhoff in Erfahrung zu bringen. Das eine führte zum anderen und das andere führte mich nach Drochtersen, und zwar schon am nächsten Tag.

Als ich am Ufer der Elbe angekommen war, hatte sich der Nieselregen gelegt und der Nebel war etwas dünner geworden. Die drei Herren Dieter Meyer, Klaus-Peter Nagl und Georg von Borstel standen neben ihrem Pick-up am Rande der Streuobstanlage und bereiteten den Wagen, der zum Überlaufen mit Äpfeln beladen war, zur Abfahrt vor. Ihre Körper waren in breite, weiße Pflücktücher gewickelt. Die Obsternte erfolgt hier von Hand. [Abb. 27]

„Das, was in der Vergangenheit gang und gäbe war – Hochstammbäume im Bereich Apfel, Kirsche, Pflaume, Birne etc. –, ist heute im kommerziellen Obstbau nicht mehr anzutreffen", eröffnete Dieter Meyer unser Gespräch „unter acht Augen". Dann fuhr er fort: „Diese Obstsorten sind der älteren Bevölkerungsschicht gut bekannt, würden aber endgültig verloren gehen, wenn man sich nicht um sie kümmert. Deswegen bewirtschaften wir unsere Streuobstwiese mit alten Sorten auf Hochstammbäumen. Die Anlage ist etwa zwei Hektar groß und wir haben 180 Bäume von rund 110 verschiedenen Sorten, der Großteil davon sind Apfelsorten."

Georg von Borstel: Wir kultivieren in erster Linie regionale Sorten. Der *Rheinländer Pfannkuchen* zum Beispiel ist ein sehr spät reifender Apfel, schmeckt säuerlich, hält sich sehr gut und eignet sich besonders zum Kochen. Auf Kuchen schmeckt er exzellent, man kann ihn aber auch roh verzehren.

Ein früh reifender Speiseapfel, den wir hier anbauen, ist der *Gelbe Richard*, der auch als *Großer Richard* bekannt ist.

Dieser Apfel ist sehr süß, mit dezent säuerlicher Note, und schmeckt aufgrund seiner Süße allen Kindern – ein reiner Speiseapfel, zu schade zum Verkochen!
Dann haben wir hier zum Beispiel noch eine mittelfrühe Sorte, die einst in der Region verbreitet war, weil sie sehr ertragreich ist und ihre Früchte groß sind: Das ist der *Horneburger Pfannkuchen* – ein reiner Kochapfel, der sich beispielsweise exzellent für Apfelmus eignet.
Das waren drei Beispiele für Apfelsorten in unserem Appelhoff, die auch tatsächlich aus unserer Region stammen und an das feuchte und windige Nordseeklima angepasst sind. Wir haben aber auch Äpfel aus anderen Regionen, die hier gedeihen können, wie etwa den *Haseldorfer Prinzen* aus der Region der Haseldorfer Marsch in der Nähe von Hamburg.

Klaus-Peter Nagl: Unsere Region ist eine bekannte Obstbauregion, in der viele Sorten entstanden sind. Früher gab es Kähne, die nur die Aufgabe hatten, Äpfel aus Kehding nach Berlin zu transportieren. Das war bis zum Ende der 1940er-Jahre so.

Clemens G. Arvay: Welche Apfelsorte wächst auf diesem Baum gleich hinter Ihnen?

Georg von Borstel: Das ist der *Finkenwerder Prinz*, benannt nach dem Hamburger Stadtteil Finkenwerder. Diese Apfelsorte ist ertragreich, bringt große Erntemengen und die Bäume tragen verlässlich jedes Jahr. Die Früchte sind groß und optisch sehr ansprechend, sie schmecken ausgezeichnet und sind auch in Bäckereien sehr beliebt.

Clemens G. Arvay: Alte Apfelsorten können also durchaus gute Erträge haben.

Georg von Borstel: Ja, es gibt zahlreiche ertragreiche alte Sorten, die noch dazu optisch und geschmacklich einwandfrei sind und sich bei richtiger Lagerung lange halten können. [Abb. 28]

Clemens G. Arvay: Weshalb haben die alten Sorten dann aus Sicht des Handels ausgedient und mussten das Feld gegenüber den Sorten des Intensivobstbaus sogar im Biolandbau räumen?

Dieter Meyer: Die modernen Neuzüchtungen und veredelten Obstbäume tragen sehr früh. Es sind keine Hochstammbäume mehr, sondern Spindelbäume, deren Äpfel sich mit industriellen Methoden ernten lassen. Unter den derzeitigen Bedingungen des Marktes kann man nur so produzieren, da können die alten Sorten noch so vorteilhaft und gesund sein. Auch wir können unsere Äpfel nur im regionalen Rahmen vermarkten. Unser Projekt dient eher dem Erhalt der Sortenvielfalt.

Klaus-Peter Nagl: Ich würde aber sagen, dass die alten Sorten im Gegensatz zu den modernen Marktsorten resistenter gegen Schädlinge sind und ein besseres Immunsystem haben. Für moderne Sorten braucht man auch ein technisiertes Kühllager, damit sie haltbar bleiben. Das braucht man bei alten Sorten nicht, die kann man sogar im Keller lagern – manche davon bis April oder Mai des nächsten Jahres.

Georg von Borstel: Alte Sorten sind auch besser standortangepasst. Die meisten Sorten am Kehdinger Appelhoff sind perfekt auf unser Klima abgestimmt.

Dieter Meyer: Was wir noch gar nicht gesagt haben: Unser Obst ist *unbehandelt*. Wir verwenden keinerlei Spritzmittel, was uns vom herkömmlichen Bio-Obstbau unterscheidet.

Georg von Borstel: [dreht sich um und pflückt einen Apfel der Sorte Finkenwerder Prinz vom Baum; hält ihn mir entgegen.] Was ist der Unterschied zu einem gespritzten Apfel? ... Es gibt keinen! Das ist ein völlig sauberer Apfel, den könnten Sie jederzeit im Laden verkaufen. Die gespritzten Äpfel aus Argentinien sehen auch nicht besser aus. [Abb. 29]

Clemens G. Arvay: Wodurch unterscheidet sich herkömmliches Bio-Obst von Ihrem unbehandelten Obst?

Klaus Peter-Nagl: Auch im Bio-Bereich wird gespritzt, die Äpfel haben meistens drei Grundspritzungen. Weil hingegen unser Obst nie behandelt wird, können es auch Allergiker jederzeit essen. Es gibt Menschen mit Allergien, die auch kein Bio-Obst aus dem Supermarkt vertragen. Die Betroffenen fragen besonders häufig nach unserem Obst.

Clemens G. Arvay: Wären diese alten Obstsorten nicht besonders gut für die ökologische Landwirtschaft geeignet?

Klaus Peter-Nagl: Sie wären für den Biolandbau natürlich besonders geeignet, weil sie robust und auch ohne Spritzung kosmetisch einwandfrei sind, aber – wie Herr von Borstel ja bereits sagte – der industrielle Obstbau braucht Spindelbäume, die mit wenig Arbeitskräften maschinell beerntet werden können. Das muss auch bei Bio zack, zack gehen, und man will schon im zweiten Jahr Ertrag haben.

Clemens G. Arvay: Welche ökologischen Vorteile bietet der Streuobstbau mit Hochstämmen?

Georg von Borstel: Für die Tierwelt ist die Streuobstwiese wesentlich besser als der industrielle Spindelobstbau. Das Gras unter den Bäumen kann genutzt werden, die Streuobstwiese bietet Tieren Schutz, die Vögel finden Nistplätze vor und es siedeln sich Insekten an. Wir können auf unserer eigenen Fläche bereits beobachten, wie sich die Vogel- und Insektenvielfalt wieder vergrößert. Das hat es hier früher nicht gegeben, als diese Anlage noch als intensive Plantage geführt wurde.

Clemens G. Arvay: Was müsste sich ändern, damit der Streuobstbau mit alten Obstsorten für die Bauern, die sich dafür interessieren, wieder wirtschaftlich tragfähig wird?

Dieter Meyer: Ein begrenzter Kundenkreis ist auch jetzt vorhanden und solches Obst lässt sich derzeit am besten über regionale Wochenmärkte verkaufen. Die Supermärkte kann man mit dieser Wirtschaftsweise aber nicht beliefern. Vielleicht könnte man die regionalen Absatzstrukturen noch schaffen, dann gibt es eine Chance.

Nicht nur der Obstbau brächte in seiner kleinstrukturierten Form besondere Vorteile für Umwelt, Tiere und Konsumenten. Ein leidiges Kapitel der modernen Agrarindustrie ist die Schlachtung von Tieren – ob Konventionell oder Bio. Im Handel gibt es kaum mehr ein Stück Fleisch, das nicht den Weg über industrielle Schlachthöfe gegangen ist. Unter den Vorgaben der machthungrigen Lebensmittelkonzerne könnten kleine, regionale Schlachthöfe nicht mithalten und es existieren nur mehr wenige bauerngeführte Schlachtanlagen. Die Betonung liegt aber auf „*wenige*", denn auf meiner Reise konnte ich mich davon überzeugen, dass es die Ab-Hof-Schlachtung oder die Schlachtung in der Region in der kleinstrukturierten Landwirtschaft noch gibt – aber *nur* dort. Beispiele von Betrieben, an denen man vorbildliche Konzepte der Schlachtung auf dem Hof und der effektiven Direktvermarktung umsetzt, werde ich im Laufe dieses Buches noch anführen, doch zunächst lasse ich Sie an einem weiteren interessanten Gespräch teilhaben, das ich während meiner Reise in Baden-Württemberg führte.

Ich traf den Bio-Rinderbauern Ernst Hermann Maier, der auch der Gründer von *Uria e. V.,* eines „Vereins zur Förderung einer neuen Art der Tierhaltung" ist. Herr Maier hat sich in den deutschen Medien einen Namen als „Der Rinderflüsterer" gemacht. In unserem Interview sprach er über die Schlachtung von

Tieren auf dem Bauernhof und darüber, warum wir die industriellen Schlachthöfe abschaffen müssen. Ernst Hermann Maier ist ein Agrar-Rebell: „Ich kann allen Amtspersonen, die sich schwer tun, die Betriebe zu unterstützen, die es gut mit ihren Tieren meinen, eigentlich nur eines versprechen: Sie werden uns nicht los!" [Abb. 30]

Ernst Hermann Maier: Den Titel „Der Rinderflüsterer" habe ich mir übrigens nicht selbst verliehen. Das geht auf die Kappe der Medien, so etwas bekommt man heute einfach aufgesetzt. Aber ich bin zufrieden damit.

Clemens G. Arvay: Sie sind selbst Bio-Rinderbauer und erzeugen Rindfleisch ...

Ernst Hermann Maier: Halt! Es widerstrebt mir, über mich zu sagen, ich würde Rindfleisch „erzeugen". Ich sehe mich als Tierhalter, nicht als Erzeuger oder Produzent. Diese philosophische Unterscheidung ist mir sehr wichtig. Das Schlachten steht bei uns nicht im Vordergrund, sondern es ist eine Notwendigkeit, wenn man Tiere hält. Uns geht es also nicht darum, Fleisch zu „produzieren", sondern darum, Tiere zu halten. Der wirtschaftliche Aspekt steht bei uns nicht an erster Stelle. Dort stehen bei uns die Tiere selbst. Auf unserem Bio-Hof weiden zurzeit 270 Rinder, das ist nicht gerade wenig, und wir mögen unsere Tiere, wir wollen, dass es ihnen gut geht. Unsere Rinder sind ganzjährig frei und werden keinen Zwängen ausgesetzt. Sie werden auch nicht „gemästet" – das ist mir ganz wichtig.
Wenn wir aber Rinder halten, müssen wir Tiere aus Gründen der Bestandsregulierung regelmäßig aus der Herde nehmen. Unsere Herde ist vital, die Rinder vermehren sich regelmäßig. Wenn wir also Tiere aus der Herde nehmen, müssen wir ihre Körper so gut wie möglich vermarkten. Wir sind kein Gna-

denhof, aber wir sind ein „gnädiger“ Hof und wir schreiben definitiv schwarze Zahlen. Wir sind mit unserer Wirtschaftsweise also erfolgreich.

Ich habe schon gesagt, dass das Wohlergehen der Tiere noch vor der Wirtschaftlichkeit stehen muss. Deswegen ist es uns wichtig, dass unsere Rinder ohne jeglichen Stress und ohne jegliche Angst getötet werden. Das geht aber nur, wenn man diese Tiere in ihrer gewohnten Umgebung betäubt, ohne sie schon im Vorfeld zu beeinträchtigen. Sobald man anfängt, sie vor der Betäubung einzusperren oder sogar zu transportieren, ist es schon vorbei mit ihrem Wohlbefinden.

Clemens G. Arvay: Wie sieht Ihrer Meinung nach also die Lösung aus, um eine stressfreie Schlachtsituation zu schaffen?

Ernst Hermann Maier: Es muss Schluss sein mit den großen, zentralen Schlachthöfen. Man muss die Tiere in ihrem gewohnten Umfeld betäuben, dann vor Ort in regionalen und dezentralen Schlachtstätten schlachten und danach das Fleisch transportieren, nicht aber die lebenden Tiere, so wie das jetzt der Fall ist. Der Transport von lebenden Schlachttieren ist absolut verwerflich und gehört abgeschafft. Die Lösung ist also *regional, dezentral*. Wir brauchen die *kleinstrukturierte* Landwirtschaft und Verarbeitung.

Und wir beweisen jede Woche, jeden Tag, dass es funktioniert. Es funktioniert sogar sehr gut. Natürlich geht es nur, wenn man auch ausreichende Absatzstrukturen schafft und die Konsumenten bereit sind, etwas mehr für Fleisch zu bezahlen. Aber das sollte kein Problem sein, weil ja die Qualität solchen Fleisches exzellent ist. Die Tiere dürfen, um diese Qualität zu erreichen, nur Gras- und Graserzeugnisse als Futter bekommen und keinerlei Wachstumsbeschleuniger, wozu ich bereits Getreideschrot zähle, von Importfuttermitteln ganz zu schweigen. Als Futter kommt nur infrage, was bei uns auf der Wiese wächst.

Clemens G. Arvay: Stichwort „Bio“.

Ernst Hermann Maier: Die Bio-Fleischwirtschaft wird sich ganz schnell bewegen müssen, es muss aufhören, dass Bio-Tiere im Zuge der Schlachtung genauso würdelos behandelt werden wie die konventionellen. Denn wo soll man denn sonst anfangen, wenn nicht bei Bio?
Natürlich sind die Kosten der Schlachtung pro Tier in einem großen industriellen Schlachthof geringer als in einer dezentralen Kleinschlachtstätte. Aber das ist ja nur ein Teil der Kosten, die Vorleistungen werden in dieser Rechnung überhaupt nicht berücksichtigt. Alleine der Transport der lebenden Tiere ist ein großer Kostenfaktor, und es ist eigentlich unwirtschaftlich, lebende Tiere über weite Strecken zu transportieren. Auf diesen Kosten bleiben aber oft die Bauern sitzen.

Clemens G. Arvay: Welche Lösung schwebt Ihnen außer dem Aufbau von dezentralen Strukturen noch vor?

Ernst Hermann Maier: Um die Wertschöpfung im ländlichen Bereich zu behalten, müssen wir mit mobilen Schlachteinheiten arbeiten. Wir haben hier bei uns eine mobile Schlachtbox zweiter Generation mit EU-Zulassung entwickelt. Es gibt aber noch andere Initiativen in diese Richtung. Diese mobilen Schlachteinheiten kommen zu den Bauernhöfen, die Schlachttiere werden in ihrer gewohnten Umgebung betäubt und dann in der mobilen Schlachtbox getötet und entblutet. Danach werden sie zu einer dezentralen Schlachtstätte gebracht, die in maximal einer Stunde erreichbar sein sollte, wo sie ausgenommen und zerlegt werden.
Wenn man überlegt, wie viel Geld heute in der Landwirtschaft für einen Mähdrescher oder einen großen Traktor ausgegeben wird, ist es ein „Witz“, wie wenig dagegen eine mobile Schlachtbox kosten würde. Es ist dabei auch gar kein Problem, die EU-Vorgaben zu erfüllen.

Clemens G. Arvay: Weshalb mussten dann so viele kleine Schlachtbetriebe dichtmachen?

Ernst Hermann Maier: Es wird immer das Märchen erzählt, die EU sei schuld, dass es nur noch Industrieschlachthöfe gibt. Im Rahmen der Umsetzung der EU-Verordnung 853/2004 [Anmerkung: Hygienevorschriften für Lebensmittel tierischen Ursprungs] wurden unzählige kleine Schlachtbetriebe geschlossen – unzählige! Das war aber völlig unnötig. Damals kamen Veterinärbeamte, die die Verordnung willkürlich auslegten, wie es ihnen in den Kragen passte. Den Betreibern wurden hohe Auflagen erlassen, die zu hohen Investitionskosten geführt hätten. Die meisten Betroffenen sahen keine andere Option als aufzuhören, und es wurden viele kleine Schlachtereien geschlossen – zum Teil unrechtmäßig. Die Leute haben sich einfach nicht ausreichend zur Wehr gesetzt! Zu uns kamen sie auch und wollten unseren Schlachtbetrieb schließen. Aber ich musste nur lachen! Ich sagte: „Liebe Leute, ihr werdet doch nicht im Ernst glauben, dass ich meinen Schlachtbetrieb zusperre – dass ich nach 23 Jahren anfange, meine Rinder wieder in den Schlachthof zu transportieren." Unseren Schlachtbetrieb gibt es noch immer, wir sind EU-gemäß zugelassen und das gilt auch für unsere mobile Schlachtbox.
Sicher: Es war nicht einfach, Widerstand zu leisten. Da gibt es wirklich Kräfte, die sich mit aller Vehemenz bemühen, gegen kleine, regionale Schlachtereien zu arbeiten und diese zu bremsen. Warum das so ist, kann ich mir nicht erklären, denn beim staatlichen Veterinäramt, das ja für *Tierschutz* zuständig sein sollte, müsste man als dezentraler Schlächter eigentlich offene Türen einrennen. Um politisch etwas zu bewirken, haben wir unseren Verein Uria e. V. gegründet, in dem wir Tierhalter unterstützen, die ähnliche Probleme mit den Behörden haben, wie wir sie früher einmal hatten. Unsere Internetseite lautet: *www.uria.de*

Clemens G. Arvay: Welche Interessen stehen dahinter, dass man es Tierhaltern so schwer macht?

Ernst Hermann Maier: Also, diese Frage könnte man auch so stellen, um ihre Tragweite bewusst zu machen: „Welche Interessen stehen dahinter, dass man Tierhaltern Schwierigkeiten macht, die ihre Tiere vor Ort schlachten und töten möchten, die nicht wollen, dass diese Tiere in zentralen Schlachtbetrieben landen und die den Tieren dieses ganze Elend nicht antun wollen?"
Darüber kann man nur spekulieren. Einer der Faktoren ist sicher das Machtdenken einzelner Personen in der Politik, die nicht mehr verstehen, dass sie eigentlich Diener der Menschen und nicht der Industrie sind. Sie werden ja auch von den Steuern der Menschen bezahlt. Außerdem gibt es massive wirtschaftliche Interessen der Fleischindustrie, die nicht möchte, dass es dezentrale Schlachtbetriebe gibt, die zum Nachdenken anregen und das derzeitige System infrage stellen könnten.
Eines ist ganz sicher: Die überwiegende Zahl der Verbraucher will nicht, dass Tiere bei der Schlachtung leiden müssen, wenn diese schon gegessen werden. Die Politik sollte die Bedürfnisse der Menschen berücksichtigen, nicht die der Industrie. Die meisten möchten, dass das Tierelend bei der Schlachtung aufhört. Und bei Bio müssen wir *endlich* anfangen mit der Dezentralisierung.

Der österreichische Bio-Bauer Norbert Hackl in Burgau in der Steiermark hat mit dieser überfälligen Dezentralisierung der Schlachtung von Bio-Tieren bereits angefangen. Auf seinem Biohof *Labonca* hält er Freilandschweine, die in einem sogenannten „Weideschlachthaus" auf dem Hof geschlachtet und danach direkt vor Ort verarbeitet werden. Die Bio-Schweine werden bereits einige Tage vor dem Schlachttermin auf eine drei Hektar große Weide gelassen, um sich dort zu akklimatisieren. Sofort nehmen sie ihr arteigenes Verhalten auf und finden auf der Weide tagelang Beschäftigung beim Wühlen und Erkunden. Am Tag X werden die Tiere dann im Fressbereich, an den sie sich bereits gewöhnt haben, betäubt, während sie entspannt der Nahrungsaufnahme nachgehen. Auf der Weide befindet sich direkt neben der Betäubungsstelle ein 120 Quadratmeter großes Gebäude, das die nötige Schlachtinfrastruktur beherbergt und an ein weiteres Gebäude angrenzt, in dem sich die Verarbeitungsräume befinden. Dort werden die Tiere dann, direkt vor Ort und unmittelbar nach der Betäubung, geschlachtet, ausgenommen, zerlegt und verarbeitet.

Außer den Freilandschweinen werden auf dem Hof auch Rinder, Schafe und andere Tiere von Bauern aus der Region, die sich an dem Weideschlachthaus beteiligen, geschlachtet – stets nach dem selben Prozedere mit vorangegangenem mehrtägigen Aufenthalt auf der Weide.

„Unser Projekt soll als Vorbild für *lebensmittelautarke* Regionen dienen und ein neues ‚Schlachtbewusstsein‘ wecken“, schreibt Labonca-Landwirt Norbert Hackl auf der Homepage seines Biohofes[48]. „Wir hoffen, damit einen Entwicklungsprozess in Gang zu setzen.“

Das Projekt wird von Agrarwissenschaftlern und Veterinärmedizinern ideell sowie von interessierten Konsumentinnen und Konsumenten finanziell unterstützt. Letztere nämlich können von dem engagierten Bio-Bauern sogenannte „Genuss-Scheine“ erwerben: „Privat- und Kleinanleger können einen oder mehrere der nur 200 aufgelegten Genuss-Scheine im Wert von je 1.000,– Euro, maximal jedoch fünf Stück davon, kaufen“, steht auf der Homepage des Biohofes Labonca zu lesen. „Das Kapital wird auf zehn Jahre in Jahreszahlungen und mit einer fixen Verzinsung von 5,2 Prozent pro Jahr zurückbezahlt. Die Rückzahlung erfolgt in Form von jährlichen Gutscheinen zu je 130,– Euro für Naturalien

48 www.labonca.at, Stand: 14.02.2013

aus dem Verkaufslokal des Betriebes. Die rückgeführte Kapitalsumme nach zehn Jahren beträgt somit 1.300,– Euro."

So profitieren die beteiligten Konsumentinnen und Konsumenten ebenso wie der Biohof selbst und die Finanzierung des Weideschlachthauses wird gewährleistet. Mehr Information zum Weideschlachthaus Labonca findet sich unter: www.labonca.at

Ebenfalls auf dezentrale, kleinteilige Strukturen setzt der Pflanzengenetiker Ben Gable, der in diesem Buch bereits zum Thema Hybridsaatgut zu Wort gekommen ist. Für sein regionales Saatgutunternehmen Real Seeds in Newport in der walisischen Grafschaft Pembrokeshire suchte er sich bäuerliche Betriebe, Gärtnereien und sogar Hausgartenbesitzer in der Region, die Jahr für Jahr die Elternpflanzen für die Saatgutvermehrung in Pflege nehmen. Ben Gable liefert diese im Frühjahr als Jungpflanzen oder in Form von keimfähigem Saatgut und es handelt sich ausschließlich um samenfeste Sorten, die für die regionalen Standorte geeignet sind. Die Bauern, Gärtnereien und Familien, die für Real Seeds Pflanzen in Pflege nehmen, erhalten natürlich Geld für ihre Leistungen. Ben Gable überwacht die Entwicklung der Elternpflanzen im Rahmen regelmäßiger Besuche bei den Vermehrungsbetrieben. Im Herbst holt er sich dann, was vereinbarungsgemäß ihm gehört: die Früchte mit den reifen Samen. Auf diese Weise vermehrt er das Saatgut und passt die jeweilige Sorte immer mehr an ihren Standort an. Hin und wieder greift er auch gezielt züchterisch ein, um Verbesserungen der Eigenschaften seiner Zuchtlinien zu erzielen. Bauern in der Region verwenden das Saatgut von Real Seeds erfolgreich im Feldgemüse- und Gartenbau.

Dieses Modell funktioniert nur innerhalb dezentraler, kleinstrukturierter landwirtschaftlicher Strukturen. Es vermag die Abhängigkeit von Agrarkonzernen und deren Hybridsaatgut zu brechen und bringt sogenannte *Saatgutautonomie* oder *Saatgutsouveränität* in die jeweilige Region. Außerdem wird ein wertvoller Beitrag zum Erhalt sowie zur Weiterentwicklung samenfester, vom Verschwinden bedrohter Sorten geleistet. Züchter wie Ben Gable setzen die Entwicklung der landwirtschaftlichen Kulturpflanzen nach Jahrtausende alter Tradition dort fort, wo sie die Agrarindustrie aus kommerziellem Interesse durch die Hybridtechnologie unterbrochen hat.

Auch in anderen Ländern Europas gibt es inzwischen solche Unterfangen. Ein ähnliches Konzept verfolgt beispielsweise die *Arche Noah* in Österreich, eine „Gesellschaft für die Erhaltung der Kulturpflanzenvielfalt und ihre Entwicklung".

ProSpecieRara, die „Schweizerische Stiftung für die kulturhistorische und genetische Vielfalt von Pflanzen und Tieren", wirkt auf ähnliche Weise in der Schweiz.

In Deutschland gibt es ebenfalls eine Zweigstelle von *ProSpecieRara*, die sich dort eine „Gemeinnützige Gesellschaft für die kulturhistorische und genetische Vielfalt von Pflanzen und Tieren" nennt und in Baden-Württemberg niedergelassen ist. Gleichfalls in Deutschland befindet sich der eingetragene Verein *Dreschflegel* zur „Förderung biologischer Züchtung".

Kann die kleinstrukturierte Landwirtschaft die Menschheit ernähren?

Das Wissen um die Vorteile der kleinstrukturierten, dezentralen Lebensmittelproduktion allein reicht aber nicht aus, um ihre Eignung als zukunftsfähige Alternative einschätzen zu können. Wir müssen uns auch fragen, ob kleinteilige Landwirtschaft überhaupt dazu in der Lage wäre, ertragreich genug zu produzieren, um die Gesellschaft mit Nahrungsmitteln zu versorgen.

In elf Wochen kommt man viel herum. Auf meiner Reise hatte ich fast täglich die Gelegenheit, mit Menschen aus der Praxis der Landwirtschaft und Lebensmittelproduktion zu sprechen, oder einfach mit Leuten, die sich mit diesen Themen auseinandergesetzt haben. Ihnen allen stellte ich die eine, die alles entscheidende Frage:

„Kann die kleinstrukturierte Landwirtschaft die Menschheit ernähren?“

Hier eine Auswahl an Antworten:

„Wie viele Diplomarbeiten und wissenschaftliche Schriften brauchen wir noch, die belegen, wie produktiv die kleinstrukturierte Landwirtschaft und naturnahe Wirtschaftsweise ist? Nur die kleinstrukturierte Landwirtschaft ist die Lösung für die Welternährung. Sie ist der industriellen weit vorzuziehen. Das sagt doch der Hausverstand!“

Sepp Holzer, Buchautor sowie Bio- und Permakulturbauer
im salzburgischen Lungau (Österreich)

„Gut geführte kleine Farmen sind immer und überall in der Welt ertragreicher pro Hektar als große, industrielle Betriebe. Die kleinteilige Landwirtschaft ist die Landwirtschaft der Zukunft.“

Peter Segger von der Bleancamel Farm,
Ceredigion, Wales (GB)

„Wirklich falsch wäre es, zu glauben, die kleinstrukturierte Landwirtschaft könne die Welt nicht ernähren. Der Großteil der Weltregionen wird durch Kleinbauern versorgt. Der einzige nachhaltige Weg für die Landwirtschaft ist, kleine Farmen zu haben und regional und dezentral zu produzieren, anstatt sich für die Geldbörsen der Industrie einspannen zu lassen.“

Gerald Miles, Biobauer und bekannter
Anti-Gentechnik-Aktivist in Großbritannien

„In der kleinstrukturierten Landwirtschaft sind unsere Flächenerträge nicht geringer als in der Industrie. Im Gegenteil, pro Hektar ist unsere Wertschöpfung höher als auf großen, industriellen Betrieben. Die große Säule für die weltweite Lebensmittelerzeugung ist immer noch die kleinstrukturierte Landwirtschaft. Hier in Europa ist es nicht mehr so, aber ich bin davon überzeugt, dass sich auch bei uns die Strukturen langfristig auf Kleinstrukturiertheit umstellen lassen. Die Konsumenten müssten dafür allerdings ihre Lebensgewohnheiten ändern und die Verteilung des Familieneinkommens wieder stärker auf die Lebensmittel fokussieren.“

Thomas Goebel, Vorstand der landwirtschaftlichen Stiftung Hofgut Oberfeld in Darmstadt (Deutschland)

„Wenn gesagt wird, die kleinstrukturierte Landwirtschaft könne die Menschheit nicht ernähren, dann sage ich zwei Dinge dazu: Erstens ist das nicht wahr. Es ist bewiesen, dass vielfältige bäuerliche Betriebe überall auf der Erde viel mehr Nahrung pro Hektar produzieren als die Industrie. Zweitens sind sie krisensicherer. Es ist die Tradition der Kleinbauern, dass sie mehrere verschiedene Pflanzen- oder Tierbestände haben. Fällt eines der Standbeine aus, gibt es noch immer andere, die die Ernährung und das Überleben sichern. Kleinbauern brauchen auch weniger fossile Brennstoffe. Dieser Ansatz ist viel nachhaltiger als industrielle Spezialisierung und Monokultur.“

Jane Faith, Bio-Gärtnerin und Selbstversorgerin, Pembrokeshire, Wales (Großbritannien) [Abb. 31]

Außerdem bräuchten wir insgesamt nicht mehr so viel zu produzieren, wenn wir endlich damit aufhören würden, je nach Produktgruppe bis zu 50 Prozent der genusstauglichen Waren zu entsorgen. Was wir benötigen, ist eine Bedarfsproduktion anstatt der Überschussproduktion. Dafür ist die kleinteilige, dezentrale Landwirtschaft genau der richtige Weg.

Die richtigen Alternativen finden und fördern

Ein dezentrales Lebensmittelsystem braucht gute Verteilungs- und Vermarktungsstrukturen, sonst hat selbst die verantwortungsvollste Form der Landwirtschaft keinen Bestand. Auf meiner Reise sind mir zahlreiche attraktive Modelle für dezentrale Marktkanäle begegnet.

In London beispielsweise besuchte ich einen „Farmers' Market" im Stadtteil Stoke Newington. Dieser Bauernmarkt ist insofern eine Besonderheit, als er von der Organisation „Growing Communities" zertifiziert ist. Bei dieser Zertifizierung werden verschiedene Aspekte der Nachhaltigkeit berücksichtigt. Die Produkte, die am Stoke Newington Market verkauft werden, stammen von kleinstrukturierten bäuerlichen Bio-Betrieben, die innerhalb einer festgelegten Maximaldistanz von London gelegen sein müssen, und es darf keine aus dem Großhandel zugekaufte Ware auf den Markt gebracht werden. Auf diese Weise haben die Kunden die Sicherheit, nicht über den Tisch gezogen zu werden. In Stoke Newington stieß ich auf Bio-Fleisch von verschiedenen alten Haustierrassen, auf eine Vielzahl von Käsesorten aus Bauernhand oder von kleinen Molkereien, auf Holzofenbrot und auf Eier von alten Hühnerrassen. Die Brüder Matthew und William Rooney bieten auf ihrem „mushroom table" exotische Pilze an, die sie auf ihrer Farm züchten. Sheila Poole bringt eine enorme Vielfalt alter, ökologisch angebauter Gewürz- und Aromakräuter nach London. Handgemachtes Sauerteigbrot wie Walnuss-Laib, Dinkelbrot, Roggenbrot, Vielkornstangen sowie unterschiedliche Variationen von Farmhouse Soda Bread – eines dunklen traditionellen Brotes aus Irland, das sich auch in England großer Beliebtheit erfreut – kommen mit dem Bio-Bäcker Syd Aston auf den Stoke Newington Market. Exotische Blattgemüse von ursprünglich asiatischen Kulturpflanzen verkauft Adrian Izzard und am Marktstand der südostenglischen Bio-Bauern Chris und Iain Learmonth können die

Kunden aus einem stolzen Angebot von 16 verschiedenen Apfelsorten wählen. Die Learmonths verkaufen aber auch das Fleisch von seltenen Hühner-, Schaf-, Schweine- und Rinderrassen sowie die daraus hergestellten Produkte wie beispielsweise Speck, Schinken und traditionelle Würste sowie Black Pudding, eine bei den Briten begehrte Blutwurst aus Rinder- oder Schafsblut. Natürlich findet man auf dem Markt auch Fisch und Rohmilch, und die Organisatoren des Marktes bieten ein „organic box scheme" an, also die Zustellung von Bio-Kisten an Londoner Haushalte.

21 weitere Farmers' Markets in London werden mit dem Leitspruch „we grow it, we sell it" („wir bauen es an, wir verkaufen es") von einer anderen Organisation der dezentralen bäuerlichen Direktvermarktung angeboten, die sich schlicht und unmissverständlich als „London Farmers' Markets" bezeichnet.

In Berlin stieß ich auf die *Markthalle Neun* im Bezirk Kreuzberg, wo ausgesuchte Erzeuger und Händler wöchentlich ihre Waren anbieten. Die Markthalle blickt auf eine mehr als hundertjährige Tradition zurück und wurde am ersten Oktober 1891 als „Kreuzberger Eisenbahnmarkthalle" eröffnet. Schon damals erhielt sie unter den zahlreichen Berliner Markthallen die Kennziffer Neun. Auf der offiziellen Homepage der heutigen Markthallenbetreiber steht zu lesen:

„1977 kam ALDI [Anmerkung: in die Halle], und damit begann, was man den Abstieg der Halle nennen kann. Bald folgte DROSPA, zuletzt auch noch KIK. Für die kleinen Händler war das kein Glück. Immer mehr Stände wurden verlassen. Tristesse und Öde beherrschten die Gassen zwischen den leeren einstigen Läden. Neue Kioske konnten das nicht beheben."[49]

„2009 hätte die Markthalle Neun endgültig an einen Handelskonzern verkauft werden sollen", erzählte Udo Tremmel von Slow Food Berlin, während er sich Mühe gab, laut genug zu

---

49 www.markthalleneun.de, Stand: 21.12. 2012

sprechen, um sich im Stimmengewirr des emsigen Treibens in der Markthalle Gehör zu verschaffen. „Es bildete sich aber eine Anrainerinitiative, die es durch Proteste und Widerstand tatsächlich erreichte, dass die Halle nicht an den Konzern verkauft wurde." Stattdessen wurde die Halle der sogenannten *Projektgruppe Markthalle Neun* übergeben, die seit 2009 im Dialog mit den Anrainern und auf transparente Weise ein Konzept zur nachhaltigen Nutzung der Halle verfolgt. Udo Tremmel: „Jetzt wird die Markthalle Neun wieder für den kleinteiligen, dezentralen Lebensmittelhandel genutzt. Dieser regionale Wochenmarkt findet derzeit nur freitags und samstags statt, aber das Projekt entwickelt sich. Die Halle ist jetzt schon ein Ort, an dem sehr viel über Lebensmittel diskutiert wird. So fand erst neulich eine Veranstaltung zum Thema Nachhaltigkeit statt, in der unter anderem erklärt wurde, warum wir weniger Fleisch essen sollten. Wir von Slow Food Berlin unterstützen die Markthalle Neun und wünschen ihr noch mehr begeisterte Kunden und eine erfolgreiche Zukunft."

Derzeit kann man in der geschichtsträchtigen Halle in Berlin-Kreuzberg biologisches sowie konventionelles Obst und Gemüse aus ausgewählter regionaler Produktion kaufen, aber auch – so wie auf den Londoner Farmers' Markets – Pilze, Fleisch von Freilandschweinen, Brot und Gebäck, Milch und Milchprodukte etc.

Im kleinen Städtchen Güssing im österreichischen Südburgenland gibt es einen Bauernladen, der den Namen „Stremtaler Schmankerl-Eck" trägt und von Bauern aus der Region gemeinsam betrieben und beliefert wird. Man bekommt dort alles, was das Herz begehrt: Obst und Gemüse, Nudeln, Nüsse und andere Sämereien, Milch, Käse in allen Variationen, Butter, Joghurt und zahlreiche Milchprodukte, Eier, Brot, Wurst und Fleisch, Schnäpse, Getreide, Weine, Saucen und Konserven und sogar Bio-Tofu aus der Region. Diesen Laden sehe ich in Gedanken meistens vor mir, wenn ich vom dezentralen Lebensmittelmarkt spreche. Das Konzept ließe sich an jedem Ort auf der Erde wiederholen.

Es stimmt zwar, dass regionale Bauern- und Bioläden in Bedrängnis geraten sind und viele von ihnen zusperren mussten, aber es gibt sie noch. Überall in Europa finden die entschlossene Konsumentin und der entschlossene Konsument Alternativen zu Supermärkten: Kleine Läden, Bauernmärkte, die Bio-Kistenzustellung, Lebensmittelkooperativen (Food-Coops) und Einkaufsgenossenschaften, Mitgliederläden oder „Gemüsewerkstätten". Außerdem lässt sich der ökologische, regionale Nischenmarkt gezielt stärken, reaktivieren und wiederaufbauen. Dass wir es derzeit mit einer Übermacht der zentralistischen Lebensmittelkonzerne und der Industrie zu tun haben, unter deren Druck die meisten unabhängigen regionalen Strukturen zerstört wurden, bedeutet noch lange nicht, dass diese Entwicklung irreversibel ist. Ganz von allein – wie aus magischer Hand – werden sich die in Mitleidenschaft gezogenen dezentralen Strukturen zwar nicht wieder erholen, aber mir schwebt zur Lösung des Problems die Einschaltung eines besonderen Experten vor, eines schlafenden Riesen: Dieser Experte sind Sie, liebe Leserin und lieber Leser!

VI. Den schlafenden Riesen wecken

„Der schlafende Riese Konsument erwacht und verwandelt den Kaufakt in eine Abstimmung über die weltpolitische Rolle der Konzerne, durch die er diese mit ihren eigenen Waffen – Geld und Nichtkauf – schlägt.“[50]

(Ulrich Beck, Soziologe und Buchautor)

Kritische Konsumenten sind wichtig

Nun gut, aufzuzeigen, dass ein dezentrales Lebensmittelsystem großes Potenzial hat und zahlreiche brisante gesellschaftliche Probleme lösen würde, ist eine Sache. Die Umsetzung ist eine andere. Supermärkte und Discounter sind ungeeignet, von der Zentralisierung, vom Diktat des Wachstums und des Größerwerdens auf Dezentralität und Kleinstrukturiertheit umzusteigen, zumal diese auch dem Streben nach höchstmöglichem Profit entgegenstünden. Supermärkte und Discounter *sind* förmlich das Problem. Sie werden uns immer und immer wieder das Märchen auftischen, dass nur sie – die großen Handelskonzerne gemeinsam mit der „glorreichen“ Lebensmittelindustrie – die Menschheit ernähren könnten.

Wir wissen nun, dass dieses Märchen nicht stimmt. Wir wissen, dass die Konzerne auf solch eine Weise wirtschaften, durch die die Hälfte unserer Lebensmittel einfach weggeworfen oder als

50 Beck Ulrich, Macht und Gegenmacht im globalen Zeitalter, Suhrkamp, Berlin, 2009

Heizmaterialien verwendet wird. Wir wissen, dass sie die Märkte in den Ländern des Südens durch den Export billiger Nebenprodukte der Lebensmittelindustrie überfluten, und wir wissen auch, dass sie ihre verschwenderische Überschussproduktion durch Werbung sogar noch ankurbeln.

Die Frage ist aber: Was ist unsere Rolle als Konsumentinnen und Konsumenten in diesem Geschehen, und wie weit geht unsere eigene Macht – *trotz* der Macht der Supermärkte? Welche Kräfte schlummern in uns und wie können wir ihnen zum Durchbruch verhelfen?

Die Werbung – auch die der Lebensmittelkonzerne und sogar die der Bio-Industrie – setzt ja bekanntlich auf das Paradigma des „manipulierbaren Konsumentengehirns". Würde man der Fachliteratur für Werbung glauben, dann hätten wir, die Verbraucherinnen und Verbraucher, in unseren Gehirnen Schalter und Hebel, die sich durch die Werbung umlegen ließen. Deswegen definieren die Marketingfachleute Zielgruppen und spielen diesen genau jene Werbereize vor, von denen sie aus wissenschaftlichen Studien und Umfragen wissen, dass sie in der jeweiligen Gruppe gut ankommen. Im Marketing für biologische Lebensmittel haben es die Konzerne beispielsweise auf die LOHAS und die DINKS abgesehen.

„LOHAS" steht für „lifestyles of health and sustainability", fasst also jene Konsumenten zusammen, die einen gesunden und nachhaltigen Lebensstil praktizieren möchten. Die DINKS stellen in erster Linie eine Einkommensgruppe dar. Sie verfügen über „double income – no kids", also über zweifaches Einkommen und haben keine Kinder. Auf solche Paare hat es die Industrie mit ihren sogenannten „Premium-Marken", wozu die meisten Bio-Marken zählen, stets abgesehen.

Für die moderne Wissenschaft des sogenannten „Neuromarketings" werden Versuchspersonen sogar unter Gehirn-Scanner gelegt, weil man herausfinden möchte, durch welche Werbereize das Belohnungszentrum im menschlichen Hirn am stärksten stimuliert wird. Mit diesen Reizen will man dann den „Autopiloten aktivieren“, wie es in der Werbebranche tatsächlich heißt. Dieser nämlich „navigiere“ uns in den Supermarkt und bringe uns dort zum Kauf. Ein derartiges Menschenbild fußt auf einer zutiefst materialistischen, reduktionistischen Weltsicht, in der wir zu manipulierbaren Biorobotern degradiert sind. Aus Sicht der Konzerne hat ein Mensch dann einen Nutzen, wenn er ein „williger Konsument“ ist.

> Doch der Mensch ist mehr als sein Gehirn. Selbst die am raffiniertesten ausgeklügelte Manipulation durch Werbung und PR wird letztlich dem erwachenden Konsumentenbewusstsein unterliegen. Und dann wird alles möglich. Dann ist „Stunde null“.

„Der kritische Konsument ist wichtig wie eine Wählerschaft, die mit der Geldbörse abstimmt. Doch vermag er nicht alles. Auch Entwicklungen außerhalb des Marktes sind nötig. Das derzeitige Agrarsystem schafft es vor lauter ökonomischen Zwängen noch länger nicht zur Nachhaltigkeit.“[51] Dies schrieb der Universitätsprofessor Dr. Bernd Lötsch, ehemaliger Direktor des Naturhistorischen Museums Wien, in seinem Vorwort für mein Buch „Fruchtgemüse – Alte Sorten und außergewöhnliche Arten neu entdeckt“.

Worin also könnten diese „Entwicklungen außerhalb des Marktes“ bestehen? Es wird – wie es die Diktion des Professors Lötsch andeutet – eine Entwicklung sein müssen, die sich nicht im konventionellen Lebensmittelhandel, nicht im Supermarkt oder beim Discounter und nicht in der Industrie abspielen kann.

51 Lötsch Bernd, Zitat aus dem Vorwort in: Arvay Clemens G., Fruchtgemüse – Alte Sorten und außergewöhnliche Arten neu entdeckt, S. 9, Leopold Stocker Verlag, Graz, 2011

Um Alternativen zu schaffen, wozu auch der Wiederaufbau dezentraler Strukturen und kleinstrukturierter Höfe zählen kann, werden wir uns völlig unabhängig von Konzernen und möglicherweise sogar gegen deren Widerstand in die Gänge bewegen müssen. Das soll heißen, wir müssen uns sowohl als Konsumenten als auch als Bauern und Produzenten selbst einmischen, wir müssen selbst aktiv werden. Es kann nämlich nicht geleugnet werden, dass für die derzeitigen Zustände in unserem Lebensmittelsystem nicht der Handel und die Industrie allein verantwortlich sind. Der Lebensmittelkauf ist wie eine politische Wahl. Und offenbar fällt diese Wahl in ganz Europa jeden Tag und immer wieder zugunsten der großen Konzerne und ihrer Wirtschaftsweise aus. Wir Konsumentinnen und Konsumenten sind nicht die Opfer. Wir sind Teil eines hochkomplexen Gewebes aus durchschaubaren und weniger durchschaubaren Zusammenhängen.

Michael Hartl, Medienfachmann und Selbstversorger im Südburgenland (Österreich), brachte das Problem der Verantwortlichkeit für die herrschenden Bedingungen in unserem Lebensmittelsystem während unseres „Sommergesprächs" 2012 mit folgenden Worten trefflich auf den Punkt:

„Es ist ja so, dass die Supermärkte in diesem System auch selbst Gefangene sind. Ein Supermarktkonzern kann meines Erachtens gar nicht ernsthaft ethisch handeln, weil er in einem ständigen Preiskampf mit der Konkurrenz steht. Das hat System. Wir als Gesellschaft wollten offenbar, dass alles einfach immer nur billiger wird. Lebensmittel sind in Mitteleuropa heute so billig wie nie zuvor, wenn man inflationsbereinigt rechnet. Die Menschen geben zum Beispiel in Deutschland und Österreich nur mehr zehn bis zwölf Prozent ihres Einkommens für Lebensmittel aus und die Kehrseite davon ist eben, dass außer dem Preis alle anderen Kriterien zu kurz kommen. Einerseits haben die Supermärkte natürlich, verglichen mit einem einzelnen Konsumenten oder einer einzelnen Konsumentin, sicher mehr Macht. Ich glaube aber, dass die Konsumenten in Summe sehr wohl entscheiden, welches Vermarktungskonzept wirtschaftlich erfolgreich ist und welches nicht. Das heißt: Es gibt nicht den eigentlichen Schuldigen. Auch die Konsumenten spielen eine Rolle in dem System."

Die Überwindung der Opferrolle und die Kündigung des Einverständnisses

Die Wiener Agrarsoziologen Josef Krammer und Franz Rohrmoser sehen in der agrarpolitischen Lage einen Missbrauch der Bauernschaft durch Politik und Wirtschaft. Werde Gewalt in struktureller Form ausgeübt, so schreiben sie, könne es sein, dass sich die betroffenen Bauern nicht einmal des Missbrauchs bewusst sind. Es käme so zu einem stillschweigenden Einverständnis.[52]

Einen ähnlichen Mechanismus vermute ich hinter der latenten Zustimmung der Konsumenten gegenüber dem vorherrschenden Lebensmittelsystem, die ja in gewissem Sinne ebenso wie die Bauern Missbrauchte des Handels und der Industrie sind, geht es doch darum, ihnen das Geld aus der Tasche zu ziehen. Nach Josef Krammer und Franz Rohrmoser existieren in gesellschaftspolitischen Spannungsfeldern jedoch stets verschiedene Stufen des Bewusstseins: „Die einen erkennen nicht wirklich, was vor sich geht. Andere merken, dass etwas faul ist, geben aber dazu ihr Einverständnis. Getreue verteidigen das System bis zur Selbstschädigung. Kritische Aktive leisten Widerstand und entlarven das System."[53]

Darauf aufbauend schlagen Krammer und Rohrmoser vor, die sogenannte „Arroganz des kleinen Bürgers" möglichst direkt anzusprechen. Als „kleinen Bürger" sehen sie jene Zeitgenossen,

---

52 Krammer Josef, Rohrmoser Franz, Im Kampf um ihre Rechte – Geschichte der Bauern und Bäuerinnen in Österreich, S. 181, Promedia, Wien, 2012

53 Krammer Josef, Rohrmoser Franz, Im Kampf um ihre Rechte – Geschichte der Bäuerinnen und Bauern in Österreich, S. 182, Promedia, Wien, 2012

die „über alles schimpfen, über die Politik generell losziehen, sich an populistische Führer anhängen, sich selber aber immer außerhalb der politischen Bühne positionieren. Sie fühlen sich nur als Zuschauer und übernehmen keine Verantwortung."

Zu welcher Gruppe wir uns selbst auch immer zählen mögen, Tatsache ist, dass wir uns aufraffen und tätig werden müssen, um Veränderungen zu bewirken. Der erste Schritt ist die Kündigung des Einverständnisses gegenüber dem Bestehenden. Diese Kündigung des Einverständnisses erfolgt nach der Psychoanalytikerin und Psychologie-Dozentin an der Ludwig-Maximilians-Universität in München, Thea Bauriedl, in folgenden Schritten[54]:

Die Kündigung des Einverständnisses nach Thea Bauriedl:

1) innere Kündigung („Ich spiele da nicht mehr mit")
2) äußere Kündigung durch Zeigen und Artikulieren des Widerstandes
3) neu einsteigen und mittragen von Veränderungsprozessen

Ferner betonen die Agrarsoziologen Josef Krammer und Franz Rohrmoser die Bedeutung des Brechens von Tabus und des Verstoßes gegen Schweigepflichten als wichtige Maßnahmen für Veränderung. Wie kämen die Menschen an die Information, wenn es nicht immer wieder *Whistleblowers* gäbe, die die tatsächlichen Umstände und Zustände in Wirtschaft und Politik, die hinter der schönen, aber bröckelnden Fassade liegen, an die Öffentlichkeit bringen?

„Den Machthunger der Lebensmittelkonzerne zu brechen", das klingt schon wieder so „reißerisch", wie die Kritiker meiner Arbeit zu sagen pflegen. Aber was bedeutet es eigentlich? Es sollte ja nicht unser Ziel sein, irgendwelchen Konzernen zu schaden,

54 Bauriedl Thea, Leben in Beziehungen – Von der Notwendigkeit, Grenzen zu finden, Herder, Freiburg im Breisgau, 1996

sondern vielmehr muss es uns darum gehen, am Aufbau nachhaltiger und ökologischer Strukturen zu arbeiten. Die kleinstrukturierte Landwirtschaft und dezentrale Lebensmittelversorgung zu fördern und zu einer wirtschaftspolitisch schlagkräftigen Alternative zu machen, kommt allerdings *zwangsläufig* einer Kampfansage an die Lebensmittelkonzerne gleich, deren gesamtes Wirtschaften ausschließlich auf Zentralisierung und Industrialisierung beruht. Durch die Förderung dezentraler Strukturen kann man ihnen so richtig gefährlich werden, sei es nun gewollt oder ungewollt, weshalb mit Gegenwind zu rechnen ist. Der Aufbau von Alternativen muss natürlich das eigentliche Ziel sein. Er zieht aber nach sich, dass die Macht der Lebensmittelkonzerne im selben Maße zu bröckeln beginnt, in dem sich die Konsumenten für die Alternativen entscheiden.

Wir bestimmen über unsere Lebensmittel!

Der Einkauf direkt auf dem Bauernhof ist für die meisten Menschen nicht realisierbar und er ist aus ökologischen Gründen keinesfalls als Lösung geeignet. Man stelle sich die horrende Umweltbelastung vor, würden wir alle mit unseren Autos zu den Bäuerinnen und Bauern hinausfahren, um unsere Lebensmittel direkt aus Produzentenhand zu beziehen. Unterstützen wir hingegen regionale Bauern mit dezentralen Vermarktungsstrukturen, können wir eine Stärkung und ein Wachstum dieser Alternativen bewirken. Es empfiehlt sich also, sich einen vertrauenswürdigen Bioladen, Bauernmarkt oder Bauernladen in der eigenen Wohngegend zu suchen.

Doch die wirklich potenten Lösungsansätze sind mit Engagement und aktiver Beteiligung von Konsumentinnen und Konsumenten, Produzentinnen und Produzenten verbunden. Wir müssen uns wieder mehr einmischen, wenn wir Lebensmittel möchten, die nach höheren ökologischen und ethischen Standards als jene der Industrie hergestellt werden. Die Schlagwörter lauten: *Ernährungssouveränität* und *Lebensmitteldemokratie.*

Ernährungssouveränität ist das Recht der Menschen, die Art und Weise der Produktion, des Konsums und der Verteilung von Lebensmitteln selbst zu bestimmen.
Lebensmitteldemokratie ist der Zustand, in dem dieses Recht eingefordert und gesellschaftlich umgesetzt wurde – auch gegen den Willen der Industrie und der Lebensmittelkonzerne.

Eine andere Definition des Begriffes „Ernährungssouveränität" fand ich im Internet. Sie lautet:

„[Wir] behalten die Souveränität über unsere Lebensmittel. Das heißt, dass wir selbst bestimmen können, woher unsere Lebensmittel kommen und von welcher Qualität sie sind."[55]

Bemerkenswerterweise stammt diese Definition ausgerechnet von ALDI SÜD in Österreich. Sie ist einem Werbetext auf der Homepage der Bio-Marke *Zurück Zum Ursprung* von HOFER entnommen. Österreichs größter Lebensmittel-Discounter hat also den Trend der Zeit bereits erkannt und schreibt sich nun auf die Fahne, mit der konzerneigenen Bio-Linie Akteur der Ernährungssouveränität zu sein. Doch es scheint so, als hätten die Marketingmanagerinnen und -manager dabei etwas falsch verstanden: Wenn es nämlich im Bezug auf Ernährungssouveränität heißt, „wir" bestimmen über die Art der Produktion unserer Lebensmittel, dann sind mit diesem „Wir" die Konsumentinnen, Konsumenten, Bäuerinnen und Bauern gemeint, und nicht die Geschäftsleute bei HOFER. Diese nämlich entscheiden – wie bei jedem anderen Konzern auch – eigenmächtig über die Produktion und legen uns dann die plastikverschweißten Kommerzprodukte ins Diskontregal.

55 Quelle: www.zurueckzumursprung.at (HOFER/ALDI SÜD in Österreich), Stand: 10.01.2013

Das hat mit Ernährungssouveränität und Lebensmitteldemokratie natürlich nichts zu tun, denn würden die Konsumenten entscheiden, gäbe es bei *Zurück Zum Ursprung* vermutlich, anders als derzeit, keine Bio-Kükenfließbänder mehr, keine maschinelle „Homogenisierung" der männlichen Eintagsküken, kein industrielles Hybridsaatgut und keine zentralistischen Industrieschlachthöfe mehr. Wir könnten das Versprechen der Ernährungssouveränität von HOFER wörtlich nehmen und uns ab sofort einmischen, denn der Werbetext sagt ja aus, dass „wir bestimmen". Vielleicht ließe *Zurück Zum Ursprung* die Bio-Milchprodukte der Marke dann nicht mehr in einer der größten Industriemolkereien des Landes herstellen, nämlich bei der Firma Berglandmilch alias Tirol Milch, dem Zuhause von Schärdinger, Latella und Co. Möglicherweise würde das Bio-Brot von HOFER in Zukunft nicht mehr auf den rasenden Fließbändern wie zum Beispiel in der Industriebäckerei *Kuchen Peter* hergestellt, die so groß ist, dass die Mitarbeiter darin mit Fahrrädern umherfahren und die Firma satte 50 Prozent des Krapfenmarktes im ganzen Land beherrscht. Jeder zweite Krapfen in Österreich, ob biologisch oder konventionell, stammt von der Firma Kuchen Peter.

All diese Entscheidungen können die Konsumentinnen und Konsumenten aber de facto nicht mit beeinflussen, weshalb wir größte Vorsicht walten lassen sollten, bevor wir einem Konzern wie HOFER die „Souveränität über unsere Lebensmittel" abkaufen. Dass aber bereits Discounter mit diesem Schlagwort Werbung betreiben, zeigt, wie bedeutend das Konzept der Ernährungssouveränität ist und welch wichtige Rolle es in Zukunft spielen könnte. Das ist ein Grund mehr, die Idee nicht – wie schon so viele andere gute Ideen zuvor – von der Wirtschaft vereinnahmen zu lassen. „Echte" Ernährungssouveränität erreichen wir bestimmt nicht durch den Einkauf im Supermarkt oder beim Discounter.

Die solidarische Landwirtschaft

„Das Prinzip ist sehr einfach“, sagte Daniel Überall, während wir unter der Sonne des Augusts zwischen feucht-warm, fast tropenähnlich erhitzten Glashäusern standen und uns über die Zukunft der Lebensmittelproduktion unterhielten. „Die Haushalte im Raum München beteiligen sich mit rund 80 Euro pro Monat an den Gesamtkosten unserer Gärtnerei. Das Gemüse ist für sie dann kostenlos.“ Daniel Überall ist einer der Initiatorinnen und Initiatoren des Münchener Gemüseprojektes *Kartoffelkombinat.*

„Uns war sehr wichtig, unser Projekt von Anfang an eigenständig und innovativ zu gestalten. Wir wollten nicht die zehnte Einkaufsgemeinschaft sein, wir wollten auch kein herkömmliches Bio-Kistenservice aufbauen. Das gibt es alles schon und das ist auch gut, es braucht solche Angebote und soll sie weiterhin geben. Wir wollten aber mit unserem ‚Kartoffelkombinat‘ eine Verbindung zwischen dem Anbau von Gemüse und dem urbanen Stadtleben schaffen und darum brauchen wir natürlich ein starkes Markenbild, das auch für Städterinnen und Städter interessant ist. Wir wollen ganz bewusst raus aus der Ökonische und stattdessen in den *Mainstream* – ich verwende diesen Begriff in einem positiven Sinne –, um dort auch Menschen zu erreichen, die sich bislang noch keine Gedanken über die Herkunft ihrer Lebensmittel oder über Saisonalität und Regionalität gemacht haben.“

Derzeit erfolgt die Lieferung des Gemüses an die beteiligten Haushalte direkt nach Hause, doch bald sollen aus ökologischen und logistischen Gründen Gemüsedepots in den verschiedenen Vierteln Münchens eingerichtet werden, von wo sich die Mitglieder der Haushalte dann ihre Ernteanteile abholen können.

Der Mitgliedsbeitrag und die Anteile an dem Gemüse haben nichts miteinander zu tun. Die 80 Euro, die jeder Haushalt pro Monat an das Projekt abgibt, dienen der Betriebs- und Lohnkostenbeteiligung der Gärtnerei des Kartoffelkombinats. Für jede beteiligte Familie fällt dann so viel kostenloses Gemüse an, wie die Familienmitglieder essen möchten. „Kein Gemüse muss mehr gekauft werden, es ist genug für alle da“, erklärte mir Daniel Überall.

Das Münchener Kartoffelkombinat befindet sich noch im Aufbau, die Zahl der Mitglieder wächst stetig. Ein zweites Projekt dieser Art in der Stadt, in einem fortgeschrittenen Stadium, wird unter dem Namen „Der Waldgärtner“ betrieben.

In Versorgungssystemen wie dem Kartoffelkombinat in München gibt es also keine Abnahmepreise mehr und der Handel wird umgangen. Man fragt nicht mehr, „wie viel kostet ein Kilogramm Tomaten oder ein Brathähnchen?“, sondern: „Wie viel sind uns die Arbeit der Bauern sowie die Umsetzung ökologisch, ethisch und sozial verträglicher Produktionsweisen wert?“
Das Konzept, das dahinter steht, nennt man **„solidarische Landwirtschaft“** oder auf Englisch **„community supported agriculture“ (kurz: CSA)**. In der Schweiz spricht man von „regionaler Vertragslandwirtschaft“ (RVL).

Der *Buschberghof* in Schleswig-Holstein (Deutschland) betreibt ökologische Landwirtschaft in kleinstrukturierter Form und mit außergewöhnlich hoher Produktvielfalt. Auch auf dem Buschberghof wirtschaftet man nach dem Grundmodell der *solidarischen Landwirtschaft*. Allein im Gemüsebereich werden dort 50 verschiedene Kulturen geführt. Auf dem Hof leben Fleischrinder und Milchkühe, Legehennen und Masthühner, Enten und Gänse sowie eine Schafherde, der auch 20 Lämmer, das sind Jungschafe, angehören. Es gibt dort Obst- und Beerenplantagen sowie eine Schweinezucht. Eine Herde von 40 Mastschweinen gehört ebenfalls dazu. Die Hühner sind – selbstverständlich – Zweinutzungsrassen. Die Erzeugnisse werden auf dem Hof zu Fleisch- und Wurstwaren, Säften sowie Milch- und Käseprodukten weiterverarbeitet. Auch Brot gehört ins eigene Sortiment. „Wir backen absolut bedarfsgerecht und keinen einzigen Laib Brot zu viel", erklärte mir Jens Otterbach, einer der Landwirte auf dem Buschberghof. „Und wenn das Getreide am Weltmarkt noch so teuer ist: Wir werden hier Brot backen und die Menschen ernähren."

Alles, was regional und saisonal möglich ist, wird angebaut. Der Buschberghof kommt mit seiner vielstrukturierten Agrarwirtschaft einer „essbaren Landschaft" mit hohem ästhetischen Wert gleich. Vom Handel ist man in diesem Betrieb vollständig unabhängig. Der Absatz erfolgt zu hundert Prozent über eine Wirtschaftsgemeinschaft, der die Landwirte sowie die Konsumentinnen und Konsumenten der Produkte angehören. Seit 1968 befindet sich das landwirtschaftliche Gut im Besitz der Landbauforschungsgemeinschaft Fuhlenhagen, um die sich später die Wirtschaftsgemeinschaft gründete.

In den 1980er-Jahren schließlich stellte man sich auf dem Buschberghof die Frage: „Wie kann man Bauern vom Druck des Marktes befreien und sie vor Pleiten bewahren, für die sie nichts können – zum Beispiel durch Unwetter?" 1988 wurde dann die Wirtschaftsgemeinschaft gegründet. Seither wird auf dem Buschberghof völlig unabhängig vom Handel und ganz nach den Vorstellungen der Konsumentinnen und Konsumenten sowie der Bäuerinnen und Bauern gewirtschaftet.

„Wir wollen nicht marktorientiert sein, weil das sinnentleert ist. Uns geht es darum, den Bedarf an Lebensmitteln zu decken, die Menschen zu ernähren und dabei auf vertretbare Art und Weise zu wirtschaften." Dieses Ziel wird durch die derzeit 400 Menschen umfassende Wirtschaftsgemeinschaft erreicht. Dabei wird auf Solidarität der Konsumentinnen und Konsumenten untereinander sowie zwischen den Konsumenten und den Landwirten des Buschberghofes gesetzt. Und das sieht so aus:

Vor Beginn jeder Saison wird das nötige Budget berechnet, um den Hof erfolgreich durch das bevorstehende Wirtschaftsjahr zu bringen. Der Etat wird den 400 Konsumenten in der Gemeinschaft vorgestellt und jedes Mitglied beziehungsweise jede Familie entscheidet, wie viel es/sie aufbringen kann. „Jeder soll verantwortungsvoll das beisteuern, was für ihn möglich ist", erklärte mir Jens Otterbach. Menschen, die über höhere finanzielle Mittel verfügen, tragen oft freiwillig höhere Summen bei und übernehmen somit Anteile von weniger finanzkräftigen Familien. Unterm Strich muss nach den alljährlichen Verhandlungen das Budget für das kommende Arbeitsjahr zur Verfügung stehen. Dies funktionierte bisher jedes Mal anstandslos, da allen in der Gemeinschaft das Fortbestehen des Buschberghofes und seiner qualitativ hochwertigen Angebote ein Anliegen ist. Die Landwirte nehmen ihre Arbeit auf, sobald sie von der Wirtschaftsgemeinschaft grünes Licht in Form der Zusicherung der Finanzierung erhalten haben.

Der gesamte Jahresertrag an landwirtschaftlichen Erzeugnissen und Produkten wird dann innerhalb der Wirtschaftsgemeinschaft verteilt, und zwar je nach *Bedarf* der jeweiligen Mitglieder und Familien. „Das ist das Geniale dabei", sagte Jens Otterbach, „denn erst so wird echte Solidarität erreicht und Bio für alle wird möglich."

In der Nähe von Heidelberg in Deutschland traf ich den Bio-Bauern Markus Schmutz, der seinen Bauernhof, den *Markushof*, erfolgreich nach dem Konzept der solidarischen Landwirtschaft betreibt.

Auf dem 50 Hektar großen Markushof wird seit 1989 biologisch gewirtschaftet. Heute umfasst der Betrieb Milchvieh, Getreide- und Futterbau, Kartoffel- und Gemüsebau und Freilandschweine sowie einige Schafe. „Im Jahr 2011 haben wir von herkömmlicher Vermarktung auf solidarische Landwirtschaft umgestellt und unseren Familienbetrieb dadurch vor dem Bankrott bewahrt", erinnerte sich Markus Schmutz in unserem Gespräch.

Im Laufe des Jahres 2013 wird die Konsumentengruppe rund um den Markushof 180 Personen erreicht haben, die im Raum Heidelberg mit Milch und Milchprodukten, Käse, Fleisch, Gemüse und Getreide versorgt werden.

Dafür leistet jedes Mitglied einen monatlichen Beitrag von 80 bis 100 Euro. Manche bezahlen weniger, wenn sie über geringere finanzielle Mittel verfügen, was in der Planung des Budgets mit berücksichtigt wird. Die vielfältigen Erzeugnisse und Produkte des Markushofes werden dann unter den Konsumenten verteilt – ohne weitere Kosten.

Da es, anders als im herkömmlichen Handel, eine Beziehung zwischen Produzenten und Konsumenten gibt und sich die Mitglieder jederzeit von der ökologisch und ethisch vorbildlichen Wirtschaftsweise auf dem Markushof überzeugen können, bringt dies den Verbrauchern den Vorteil, nicht länger von den Kommerzprodukten der Handelskonzerne abhängig zu sein und selbst mitbestimmen zu können, wie ihre Lebensmittel erzeugt und verteilt werden. Auch der Landwirt hat Vorteile: „Wir sind wirtschaftlich abgesichert und von den Vorgaben der Industrie unabhängig", freute sich Markus Schmutz. „Mein Gehalt als Bauer ist gesichert, ich kann meinen Arbeitskräften gute Arbeitsbedingungen bieten und einen fairen Lohn bereitstellen. Der Fortbestand meines Betriebes ist ebenso gesichert und ich bin vom Zwang des Wachsens oder Weichens und vom Druck der Handelskonzerne ausgehebelt." [Abb. 32]

„Könnten Sie unter Vertrag mit Supermärkten oder Discountern Ihre hohen Betriebsstandards halten?", wollte ich wissen.

„Eine vielfältige Wirtschaftsweise ist unter Vertrag mit den Handelskonzernen praktisch ausgeschlossen", antwortete Markus Schmutz, „ebenso wie die extensive Tierhaltung, die wir betreiben. Großflächiger industrieller Anbau kommt für mich nicht infrage. Sich an Supermärkte zu binden ist einfach nicht der richtige Weg, sinnvoll Landwirtschaft zu betreiben, weil die Konzerne nicht am Wohlergehen der Landwirtschaft oder der Konsumenten interessiert sind, sondern vor allem an Profiten.

Wir haben Freude daran, zum Beispiel Schweine wieder im Freiland zu sehen. Das gibt es in der Landwirtschaft kaum mehr. Auch bei Bio dominiert die Stallhaltung. Bei uns leben ausschließlich alte Schweinerassen, wie zum Beispiel die Bunten Bentheimer, die auf der Roten Liste der aussterbenden Tierarten stehen."

Auch Peter Brown, der leitende Bio-Landwirt der britischen *Tablehurst Farm* in der Nähe von London, hält nicht viel von Schweinehaltung im Stall. „Der Kontakt mit dem natürlichen Boden ist enorm wichtig für Schweine", war er in unserem Gespräch überzeugt, während er sich der hinter uns liegenden Freilauffläche zuwandte. „Die Tiere holen sich essenzielle Nährstoffe wie zum Beispiel Eisen aus der Erde. Sie durchwühlen den ganzen Tag über den Boden, suchen Nahrung, sind neugierig und können nur in der Freilandhaltung ihre arteigenen Verhaltensweisen ausleben. Schweine verbringen den allergrößten Teil ihrer Wachzeit mit spielerischer Erkundung und Wühlen", fuhr Peter Brown fort. „In der Stallhaltung, die auch bei Bio die Regel ist, müssen sie sich mit Bällen oder Ketten begnügen, die ihnen zur Beschäftigung angeboten werden. Der Auslauf bietet meist keinen natürlichen Boden, in dem sie graben können. Ganzjährige Stallhaltung ist auf keinen Fall zufriedenstellend."

Ich erinnerte mich an den Begriff „Strohschweine", der in Österreich zu einem beliebten Marketingschlagwort der Lebensmittelkonzerne geworden ist.

„Stroh reicht nicht aus, den Schweinen ihre artgemäßen Verhaltensweisen zu ermöglichen", sagte Peter Brown. „Unter dem Stroh befindet sich auch in der biologischen Haltung meistens Beton, was ebenso für den Auslaufbereich vor dem Stall gilt. Die Haltung auf Stroh kann auf keinen Fall der Freilandhaltung das Wasser reichen."

Ich verbrachte einen ganzen Tag auf der Tablehurst Farm, wo mich Peter Brown durch sämtliche Produktionsbereiche führte. Das Farmland umfasst 200 Hektar, auf denen ich auf Masthühner, Puten und Gänse stieß, die allesamt in überschaubaren mobilen Stalleinheiten untergebracht waren. Ich traf auf Schafe, Rinder, Freilandschweine und vielfältige Gemüsekulturen. Die Futtermittel für die Tiere sowie das Saatgut werden auf dem Hof angebaut und verarbeitet. [Abb. 33–34]

Auch auf der Tablehurst Farm hat man es geschafft, von Handel und Industrie unabhängig zu werden. Neben der Zustellung von Bio-Kisten, die nur einen geringen Teil des Absatzes ausmacht, verfügt die Farm in erster Linie über effektive Kanäle der bäuerlichen Direktvermarktung. Zu dem Betrieb gehören eine *eigene Geflügelschlachterei* mit Verarbeitungsräumen, eine „Pie Kitchen", in der traditionelle englische Pasteten wie der Shepherd's Pie (Schäferpastete) hergestellt werden, eine Molkerei und Käserei sowie ein Hofladen mit großer Auswahl, in dem auch die Bio-Eier von Daniel Hobericht verkauft werden, der seine Legehennen ganz in der Nähe im Obstgarten hält – ich habe bereits berichtet. Außerdem verfügt man auf der Tablehurst Farm über ein Kaffeehaus sowie einen Outdoor-Gemüsemarkt und es werden wöchentlich Grillfeste mit hofeigenen Produkten veranstaltet. Die Schweine, Rinder und Schafe werden in einem nahe gelegenen kleinen Schlachtbetrieb geschlachtet.

Die Farmprodukte können uneingeschränkt von jeder Konsumentin und jedem Konsumenten gekauft werden. Allein über den Hofladen wird jede Woche das Fleisch von einem Rind, von sechs Schweinen, vier bis sechs Lämmern und 200 Hühnern vermarktet. Hinzu kommen Gemüse, Milch und Milchprodukte, Käse sowie Brot, das aus farmeigenem Getreide gebacken wird. Die vielfältige und von Marktzwängen unabhängige Wirtschaftsweise wurde auf der Tablehurst Farm erst durch ein Konzept möglich, das der solidarischen Landwirtschaft ähnelt, mit dem Unterschied, dass es keine Mitglieder und keine regelmäßigen Mitgliedsbeiträge gibt. [Abb. 35]

Clemens G. Arvay: Wie hat es die Tablehurst Farm in die wirtschaftliche Unabhängigkeit geschafft?

Peter Brown: Als ich vor 18 Jahren als landwirtschaftlicher Leiter hierher kam, gab es überhaupt kein Budget, um die Farm weiterzuentwickeln. Der Betrieb war in den roten Zahlen. Wir wollten das ändern und vom Handel unabhängig werden, also in die Direktvermarktung investieren. Außerdem wollten wir hier neben den regulären Arbeitskräften auch Menschen mit besonderen Bedürfnissen beschäftigen und ihnen eine angemessene Arbeitswelt bieten, wofür es wiederum staatliche Fördergelder gibt. Inzwischen sind unsere Pläne Realität geworden, aber vor 18 Jahren stellte sich die Frage: Wie sollen wir das alles ohne finanzielle Mittel umsetzen?
Wir suchten zuerst Kontakte zu den Menschen aus der Region: zu Anrainern, zu Konsumentinnen und Konsumenten rund um unsere Farm. Wir wollten unsere Idee salonfähig machen und hofften auf Partnerschaften mit den Verbrauchern. Wir stießen tatsächlich auf großes Interesse und zahlreiche Menschen meldeten sich bei uns, um eine Unterstützergemeinschaft zu gründen. Im TV und im Radio wurde über uns berichtet und schließlich hatten wir 600 Menschen zusammengetrommelt, von denen jeder circa 100 Pfund spendete (120 Euro), manche auch mehr. Es handelte sich um einen einmaligen Beitrag, um die Entwicklung der Farm zu unterstützen. Wir sehen diese Menschen weniger als Shareholder, sondern vielmehr als solidarische Farmpartner, die bis heute in Form einer Kooperative die Basis unseres Betriebs darstellen. Manche dieser Menschen sind in unserer Management-Gruppe, andere halten eher losen Kontakt zu uns. Der Unterschied zur solidarischen Landwirtschaft im herkömmlichen Sinne ist aber, dass wir unsere Produkte weiterhin verkaufen und nicht an die Gemeinschaft verteilen. Man könnte von einer *solidarischen Unterstützerkooperative* sprechen.
Die einmalig investierten 100 Pfund haben niemandem wehgetan. Wir als Farm profitieren von der Gemeinschaft ebenso wie die Konsumenten selbst, die jetzt hier in der

Region an wirklich ökologische und nach hohen ethischen Standards produzierte Lebensmittel kommen. Es ist wie in einer Symbiose.

Solidarische Landwirtschaft – mehr als Utopie!

Auf meiner Reise kam ich rasch zu der Einsicht, dass landwirtschaftliche Produktion in einer Form, wie sie sich die Konsumenten wünschen, meist dann erreicht wird, wenn diese selbst Mitverantwortung dafür übernehmen und sich am Aufbau von Alternativen beteiligen, anstatt zu erwarten, ein Produkt, das den eigenen Vorstellungen entsprechen soll, bequem im Supermarkt zu kaufen. In der solidarischen Landwirtschaft ist alles möglich. Die Produktion kann genau so gestaltet werden, wie es die Beteiligten – also die Konsumenten und Produzenten – miteinander vereinbaren. Durch das gemeinsame Ziehen an einem Strang, die Verfolgung gemeinsamer Interessen, eröffnen sich Potenziale und Perspektiven, die kein kommerziell orientierter Lebensmittelkonzern erfüllen kann.

Ich sah mir zahlreiche Projekte der solidarischen Landwirtschaft an. Der *Biohof Mogg* im niederösterreichischen Herzogenburg zum Beispiel wurde erst im Jahr 2012 auf solidarische Landwirtschaft umgestellt. Der Betrieb erzeugt etwa 50 verschiedene Gemüsesorten aus eigener Jungpflanzenanzucht und erweitert das Hofsortiment durch den Zukauf anderer regionaler Erzeugnisse wie beispielsweise Milchprodukte und Käse.

In der Schweiz, nicht weit von Zürich, besuchte ich das Team des *Gemüselabors*, das hochwertiges ökologisches Gemüse produziert und dieses an die beteiligten Konsumenten verteilt. In Zürich existiert ein ähnliches Projekt, nämlich die Gartenkooperative *Ortoloco*, die derzeit über sechs Verteilungsdepots in der Stadt verfügt – bald werden es neun sein.

Bei der *CSA Freudenthal* in Witzenhausen beispielsweise traf ich auf Konsumentinnen und Konsumenten, die sich selbst regelmäßig an Anbau- und Erntearbeiten beteiligen, wodurch sich ihr monatlicher Mitgliedsbeitrag verringert. Diese Menschen genießen es, sich ab und zu bei landwirtschaftlicher Arbeit in freier Natur zu betätigen und „ihre" Gärtnerinnen und Gärtner, Landwirtinnen und Landwirte tatkräftig zu unterstützen, wodurch auch soziale Kontakte entstehen. Das Gärtnerteam in Witzenhausen wird von der Community bezahlt, wobei der Stundenlohn gemeinschaftlich festgelegt wird. So können in der solidarischen Landwirtschaft neue attraktive Arbeitsplätze geschaffen werden. Die Ware wird an Verteilungslager in Witzenhausen geliefert, von wo sich die Mitglieder der Gemeinschaft ihre Ernteanteile abholen können. Diese Form der Verteilung ist neben der Zustellung zu den Kunden eine häufige und beliebte Variante. In manchen Projekten der solidarischen Landwirtschaft verfügen alle Mitglieder über einen Schlüssel zu den Verteilungslagern und können so rund um die Uhr „einkaufen" gehen, ohne dabei Geld mitnehmen zu müssen, da die Ware selbst ja nichts mehr kostet. In anderen Projekten haben die Lager Öffnungszeiten und ein Mitarbeiter gibt die Ernteanteile aus.

Der österreichische Bio-Bauer Peter Lassnig, der seinen *Gärtnerhof Ochsenherz* ebenfalls als solidarische Landwirtschaft betreibt, bringt das stets frische Gemüse auf einen Bio-Bauernmarkt, der wöchentlich auf einem Platz namens „Freyung" im kulturellen Stadtzentrum von Wien stattfindet, von wo sich die Mitglieder ihre Anteile abholen können. Andere Betriebe stellen die Ware via Fahrräder zu, wie beispielsweise die *GartenCoop* im südwestdeutschen Freiburg.

Solidarische Landwirtschaft ist längst keine Utopie mehr, sondern wird in allen Ländern Europas bereits erfolgreich praktiziert.

Auf dem 150 Hektar großen *Kattendorfer Hof*, 35 Kilometer nördlich von Hamburg, freut sich Landwirt Mathias von Mirbach über große Nachfrage. [Abb. 36] „Wir haben uns auf die Vielfalt spezialisiert und wir erzeugen Lebensmittel direkt für die Menschen, so wie diese sie brauchen, und in den Mengen, die benötigt werden." Das Sortiment, das den Mitgliedern der solidarischen Landwirtschaft rund um den Kattendorfer Hof geboten wird, reicht von Gemüse, Beeren und Getreide über Brot, Milch und Käse bis hin zu Fleisch und Fleischprodukten. Die Ziegen- und Kuhmilch wird in der hofeigenen Molkerei zu 40 verschiedenen Milchprodukten verarbeitet, darunter zahlreiche Käsesorten wie Rohmilchkäse, Gouda und Tilsiter in mehreren Variationen, Camembert, Brie, Romadur, vollreifer Bergkäse etc. Das Sortiment an Fleisch- und Wurstwaren umfasst stolze 70 Artikel. „Die Mitglieder unserer solidarischen Landwirtschaft können aus einem sehr reichhaltigen Sortiment wählen. Weite Transportwege fallen völlig weg", sagte Mathias von Mirbach.

Die Waren werden in Hamburg an neun Depots verteilt, wo die Mitglieder sie selbst entnehmen können. Die Produkte des Kattendorfer Hofes sind außerdem für jedermann und jederfrau in den beiden Hofläden des Betriebes in Hamburg und in Kattendorf erhältlich, also auch für Nicht-Mitglieder des solidarischen Landwirtschaftsprojektes.

Clemens G. Arvay: Weshalb haben Sie sich als Produzent für die solidarische Landwirtschaft entschieden?

Mathias von Mirbach: Aus meiner Sicht ist es die Aufgabe der Bauern, die natürlichen Grundlagen der Landwirtschaft zu erhalten und zu pflegen, sprich: Boden, Saatgut, Kulturpflanzen- und Nutztiervielfalt. Die Gewinnmaximierung darf in der Lebensmittelproduktion nicht das höchste Ziel sein. Heute sind wir auch im Bio-Bereich voll in der Marktwirtschaft drinnen. In der Landwirtschaft geht es meiner Meinung nach aber nicht in erster Linie darum, möglichst viel Geld zu verdienen, sondern darum, Lebensmittel für die Menschen

herzustellen. Außerdem ist Landwirtschaft ein hochpolitisches Thema, denn mit unserer mitteleuropäischen Wohlstandsgesellschaft, unserem Überverbrauch und dem Wegschmeißen von Lebensmitteln erzeugen wir Armut in den Ländern des Südens. Und dagegen sträube ich mich als Landwirt. Das ist nicht meine Aufgabe, und das ist nicht, was ich will. Dass diese Entwicklung auch im Bio-Bereich um sich greift, macht mich ehrlich gesagt traurig.
In diesem Zusammenhang ist die Bedeutung der solidarischen Landwirtschaft nicht hoch genug einzuschätzen, weil sie die Verantwortung für Ernährung und Lebensmittel wieder dorthin bringt, wo sie hingehört: zu jedem Einzelnen! Denn jeder Mensch hat selbst die Möglichkeit, mitzuentscheiden, wie Landwirtschaft gestaltet wird. Jeden Tag, wenn ich die Entscheidung treffe, ein Produkt zu kaufen oder aus einem Regal zu nehmen, sorge ich dafür, dass genau das gleiche Produkt wieder dorthin gestellt wird. Das heißt, ich unterstütze genau diese Art der Produktion. In der solidarischen Landwirtschaft kauft man aber kein Kommerzprodukt mehr, für das alle Entscheidungen bereits im Vorfeld von einem Konzern getroffen wurden, sondern man spricht selbst ein Wort mit, wenn es um die Gestaltung der Produktion geht. In diesem Konzept besteht eine enge Beziehung zwischen den Produzenten und den Konsumenten und es findet Austausch statt. Die Entscheidungen werden gemeinsam getroffen und nicht vom Handel diktiert. Die solidarische Landwirtschaft ist die Landwirtschaft der Zukunft!

> Das weltweite Netzwerk „Urgenci“ für solidarische Landwirtschaft ist online unter *www.urgenci.net* vertreten.

Das Konzept der solidarischen Landwirtschaft wird zwar schon vielerorts praktiziert, es besteht aber kein Zweifel daran, dass das

Netzwerk solcher und ähnlicher Alternativen noch des flächendeckenden Ausbaus bedarf, um eine ernst zu nehmende Alternative für die Zukunft darzustellen. Je mehr Konsumentinnen und Konsumenten sowie Bäuerinnen und Bauern sich für solidarische Landwirtschaft interessieren und bereit sind, sich auch aktiv an der Gründung neuer Projekte und Wirtschaftsgemeinschaften zu beteiligen, desto größer ist die Chance, in Zukunft ein flächendeckendes Netzwerk für solidarische Landwirtschaft vorzufinden. Wenn Sie Interesse haben, sich an der Ausgestaltung eines solchen Netzwerks zu beteiligen oder die solidarische Landwirtschaft gerne in Ihrer Region etablieren oder unterstützen möchten, können Sie sich an folgendem Leitfaden orientieren:

Leitfaden zur Gründung eines neuen Projektes der solidarischen Landwirtschaft in *Ihrer* Region

1. **Informationsbeschaffung**
   Informieren Sie sich über die solidarische Landwirtschaft und ihre Modelle und Konzepte. Information finden Sie beispielsweise online unter **www.frissoderstirb.info** und **www.solidarische-landwirtschaft.org**

2. **Vergleich mit Alternativen**
   Sehen Sie sich auch Alternativen zur solidarischen Landwirtschaft an, wie beispielsweise Einkaufsgemeinschaften, Genossenschaftsläden und Lebensmittelkooperativen (Food-Coops). Entscheiden Sie, ob die solidarische Landwirtschaft die richtige Option für Sie ist.

3. **Suche nach bestehenden Projekten für solidarisches Landwirtschaften**
   Sollte in Ihrer Region bereits solidarische Landwirtschaft betrieben werden, empfiehlt es sich, Kontakt mit den Ini-

tiatorinnen und Initiatoren dieses Projektes aufzunehmen und sich mit diesen zu vernetzen. Sie können dann entweder bei der bestehenden Initiative einsteigen oder ein eigenes Projekt gründen. Auch der Kontakt zu solidarischen Landwirtschaftsprojekten in anderen Regionen empfiehlt sich. Adressen finden sich zum Beispiel unter: **www.solidarische-landwirtschaft.org**

4. **Finden von interessierten Konsumentinnen und Konsumenten**
Häufig steht am Beginn eines neuen Projektes eine Informationsveranstaltung, die von den Initiatorinnen und Initiatoren organisiert wird. Diese sollte in den regionalen Medien gut beworben werden. Die Veranstaltung kann durch ein sachkundiges Referat über solidarische Landwirtschaft eingeleitet werden. Danach sollte es Raum für Diskussion und Austausch geben. Die Idee wird von den Initiatoren in diesem Rahmen vorgestellt und die Interessierten vernetzen sich und werden gebeten, im Freundes- und Bekanntenkreis nach weiteren potenziellen Mitgliedern zu suchen. Es macht Sinn, ein Kernteam festzulegen, das den weiteren Verlauf des Projektes koordiniert und weiterführende Arbeitstreffen initiiert. Häufig werden in diesem Rahmen Vereine oder Genossenschaften gegründet.

5. **Finden von Produzentinnen und Produzenten**
Wenn sich ein dauerhaft interessierter Konsumentenkreis gebildet hat, ist die Herausforderung zu bewältigen, Bauern und Produzenten von regionalen Lebensmitteln zu finden, die an alternativen und solidarischen Wirtschaftsformen interessiert sind. Hierzu eignen sich Mundpropa-

ganda und Inserate in regionalen Zeitungen. Die lokale Landwirtschaftskammer kann mit einbezogen werden. Manche Initiatorinnen und Initiatoren kontaktieren systematisch ökologische Produktionsbetriebe und Bauernhöfe, die in der jeweiligen Region ansässig sind. Zusätzlich besteht die Möglichkeit, projekteigene Gärtnereien und Landwirtschaftsbetriebe aufzubauen, wobei auch daran zu denken ist, landwirtschaftliche Neueinsteiger mit einzubeziehen. Im Rahmen der solidarischen Landwirtschaft entstehen oft gänzlich neue Betriebe, die von den Konsumentinnen und Konsumenten mitgetragen werden. Hierzu ist Eigengrund nicht zwingend nötig, da auch die Möglichkeit der gemeinschaftlichen Pacht von Betriebsflächen besteht. In vielen Projekten werden Gärtnerteams und Landwirtschaftsteams gegründet, deren Arbeit durch die Community finanziert wird.

6. **Vereinbarung betreffend die Produktion und Verteilung**
   Nachdem die organisatorischen und strukturellen Rahmenbedingungen geklärt worden sind, vereinbaren alle Beteiligten untereinander in einem oder mehreren Arbeitstreffen die Bedingungen, unter denen produziert wird. Hier sind keine Grenzen gesetzt: Die Entscheidungen betreffend die Produktionsmethoden, die Wahl der Betriebsmittel sowie der landwirtschaftlichen Kulturen und gegebenenfalls der eingesetzten Tierrassen werden gemeinsam getroffen, sodass sie für alle Beteiligten stimmig sind. In diesem Rahmen wird auch festgesetzt, auf welche Weise die Verteilung der Waren unter den Konsumentinnen und Konsumenten zu erfolgen hat (Abholung am Bauernmarkt, Depots und Verteilungspunkte, Zustellung von Bio-Kisten etc.).

7. **Erstellung eines Budgetplans**
Bevor die erste Saison der Produktion beginnen kann, ist ein Budgetplan zu erstellen. Konsumenten und Produzenten entscheiden gemeinsam, welche finanziellen Mittel benötigt werden, um das erste Jahr zu realisieren. Die Arbeitszeit der Bauern und Arbeitskräfte ist dabei ebenso mit einzubeziehen wie die Betriebsmittel, die laufenden Betriebskosten, die Pacht der Flächen etc. Schließlich werden die Kosten unter den Konsumenten aufgeteilt, wobei im Idealfall die jeweilige Einkommenssituation der Beteiligten berücksichtigt wird. In vielen Projekten erklären sich Besserverdiener bereit, höhere monatliche Beiträge zu leisten als Menschen mit geringeren finanziellen Möglichkeiten.

8. **Projektinternes Qualitätsmanagement**
Der Kontakt zwischen den Konsumenten und Produzenten sollte laufend gewahrt bleiben und regelmäßige Arbeitstreffen sind zu empfehlen. Das Qualitätsteam überprüft fortwährend die Einhaltung der festgelegten Produktionsstandards. In manchen Projekten helfen Konsumenten gelegentlich oder regelmäßig in den Produktionsbetrieben mit und können so eine Ermäßigung des Mitgliedsbeitrages erwirken. Nach Ablauf der ersten Saison kann in einem Arbeitstreffen ein Rückblick über das zurückliegende Produktionsjahr erfolgen. Das Budget kann gegebenenfalls für die nächste Saison neu ausgehandelt werden und anhand der ersten Erfahrungen können neue Standards festgelegt und Vereinbarungen zwischen Konsumenten und Produzenten getroffen werden.

Einige Organisationen, die sich in der Bewegung für Ernährungssouveränität und solidarische Landwirtschaft engagieren, sind

in Deutschland:
- Kampagne „Meine Landwirtschaft“ (www.meine-landwirtschaft.de)
- Netzwerk Solidarische Landwirtschaft (www.solidarische-landwirtschaft.org)
- Supermarktinitiative Deutschland (www.supermarktmacht.de)

in Österreich:
- AgrarATTAC – Inhaltsgruppe von ATTAC Österreich zum Thema Landwirtschaft und Ernährung (www.attac.at/agrar)
- FIAN – Internationale Menschenrechtsorganisation für das Recht, sich zu ernähren (www.fian.at)
- ÖBV – Via Campesina Austria, Österreichische Berg- und KleinbäuerInnen-Vereinigung (www.viacampesina.at)

in der Schweiz:
- UniTerre – Für eine nachhaltige Landwirtschaft (www.uniterre.ch)
- ATTAC Suisse (www.suisse.attac.org)
- Ortoloco – Die regionale Gartenkooperative in Zürich (www.ortoloco.ch)

Selbstversorgt: Wie wir unsere eigenen Lebensmittel erzeugen

Während unseres Gesprächs im Allgäu sagte Dr. Wolf-Dieter Storl, Kulturanthropologe und Sachbuchautor, über die Bedeutung seines eigenen Gartens Folgendes:

„Der eigene Garten ist etwas Wunderbares – nicht nur in dem Sinne, dass man darin etwas zu essen anbauen kann. Man ver-

bindet sich über den Garten wieder mit Ursprünglichem. Ich laufe in meinem Garten häufig barfuß, halte mich oft in der Sonne auf und betätige mich körperlich. Das ist für mich, weil ich viel schreibe und Vorträge halte, ein wunderbarer Ausgleich. Außerdem erlebt man im Garten den Wandel der Jahreszeiten und befindet sich in einem natürlichen Rhythmus. Man lebt und isst dann auch mit den Jahreszeiten: Ständiger Wandel, Wachstum, Metamorphose. Kumulationspunkt, dann wieder Neuanfang. Das Zusammenspiel der Organismen in der Natur ist wie eine Symphonie. Wenn man das im Garten miterlebt, ist es nicht nur physisch nährend, sondern auch geistig befriedigend."

Das Privileg des eigenen Stücks Land

Die Umweltpädagogin Lisa Pfleger lebt gemeinsam mit ihrem Lebensgefährten, dem Medienfachmann Michael Hartl, im sonnigen Südburgenland in Österreich auf einem alten Bauernhof. Das Lebensprojekt der beiden: Selbstversorgung.

„Beim Einkaufen kann man die Folgen des eigenen Konsumverhaltens nur sehr schwer überblicken. Deswegen haben wir uns gedacht: Je mehr von unseren täglichen Bedarfsgütern wir selbst produzieren, desto mehr können wir die Verantwortung für die Art der Produktion wahrnehmen, weil diese ja in unseren Händen liegt. Vor allem bei unseren Lebensmitteln ist uns das wichtig."

Wir saßen im grünen Gras vor dem urigen Bauernhaus von Lisa und Michael in Hanglage, es herrschte heißes, trockenes Sommerwetter. Neben uns erstreckte sich der Garten der Selbstversorgerin und des Selbstversorgers, der eine kunterbunte Vielfalt an Obst- und Gemüsepflanzen beherbergte. Ein kleiner Weingarten gehört ebenfalls zu dem gemieteten Anwesen sowie ein Stück Wald und einige alte Obstbäume.

Lisa Pfleger und Michael Hartl dokumentieren ihr „Experiment Selbstversorgung" im Internet. Auf ihrer Homepage *www.experimentselbstversorgung.net* finden sich auch wertvolle Tipps rund ums Selbermachen und Selber-Anbauen, die größtenteils auf eigene Erfahrung zurückgehen und von den beiden auch erprobt wurden. Dabei geht es nicht nur um gärtnerisches Wissen und Können, sondern auch um Techniken der Weiterverarbeitung von Obst und Gemüse, des Einkochens und Konservierens sowie um traditionelle und innovative Werkzeuge und deren eigene Herstellung.

„Als wir anfingen, uns in Richtung Selbstversorgung zu entwickeln, merkten wir beide bald“, darin waren sich Lisa und Michael in unserem Gespräch einig, „dass wir das Leben nahe an der Natur definitiv als entspannter, angenehmer und auch als interessanter empfinden als das Leben in der Stadt.“ Der Hauptgrund, ihre eigenen Leben autonomer und unabhängiger von Wirtschaft und Industrie zu gestalten, war für die beiden aber die Kritik an dem bestehenden Lebensmittelsystem und den herrschenden Bedingungen in der Lebensmittelindustrie, auch in der biologischen. [Abb. 37]

Selbstversorgung, zumindest im Bereich der Lebensmittel, erscheint immer mehr Menschen erstrebenswert. In einer Umfrage[56], die ich im Jahr 2007 in Wien durchführte, gaben 60 Prozent der Befragten an, dass sie zumindest einen Teil ihrer Nahrung gerne selbst erzeugen würden, wenn sie die Möglichkeit dazu hätten.

Natürlich besteht keine moralische Verpflichtung dazu, selbst gärtnerisch oder landwirtschaftlich tätig zu werden. Wer aber in der Arbeit mit der Erde nicht nur Anstrengung und Mühe sieht, sondern die Nebeneffekte dieser Art der Selbstversorgung schätzt, kann durchaus einen wertvollen Beitrag zu einer nachhaltigen Lebensmittelversorgung abseits der Industrie leisten. Zu den Vor-

56 Arvay Clemens G., Ausgewählte Kapitel der Subsistenz in Österreich – motivationswissenschaftliche und demoskopische Erhebungen zur Subsistenz in Österreich, Universität für Bodenkultur, Wien, 2007

teilen der Selbstversorgung zählen unter anderem die Bewegung an der frischen Luft, das Erleben des Wandels der Jahreszeiten und der Kontakt mit der Erde, den Pflanzen und den Tieren. Nicht umsonst wird das Gärtnern heute als sogenannte „Gartentherapie“ bereits erfolgreich als unterstützende Maßnahme psychotherapeutischer, sozialtherapeutischer sowie medizinischer Behandlungen eingesetzt. Auch gesellschaftlich betrachtet lassen sich im eigenen Garten wichtige Beiträge leisten. So sind Selbstversorgerinnen und Selbstversorger in der Lage, auch andere Menschen mitzuversorgen oder sich an regionalen Produktions-, Verteilungs- oder Tauschnetzwerken zu beteiligen. Zudem sind sie wirtschaftlich nicht an Konzernvorgaben gebunden und können daher durch den Einsatz alter, fast vergessener Kulturpflanzensorten und Kulturtierrassen einen Beitrag zum Erhalt dieser wertvollen Vielfalt leisten. Auch kleine, extensiv geführte Geflügelherden oder beispielsweise die extensive Haltung von Schafen oder Ziegen lassen sich in Gärten und auf privaten Nutzflächen integrieren.

Selbsternteparzellen

Nicht jeder Mensch verfügt über einen eigenen Garten oder eine Anbaufläche für Obst und Gemüse. Anderen wiederum fehlen die zeitlichen Ressourcen für die Gartenarbeit, die bereits im Frühjahr mit der Bodenbearbeitung beginnt und die Anzucht von Jungpflanzen, die Aussaat oder das Auspflanzen umfasst. Abhilfe verschafft das Konzept der Selbsterntefelder, das sich vor allem im städtischen Bereich bereits großer Beliebtheit erfreut: Die Landwirtinnen und die Landwirte legen auf professionelle Weise und unter Einsatz ihres Wissens und Könnens streifenweise Gemüse- und Obstkulturen an, die dann in Parzellen geteilt werden, welche saisonweise vermietet werden. Die Kundin oder der Kunde braucht dann nur mehr regelmäßig zu ernten. Sie erhalten sozusagen die Rosinen der Gartenarbeit – und den Ertrag in Form von frischen Lebensmitteln. In manchen Modellen werden die Beikrautbekämpfung und die Pflege der Pflanzen von den Anbietern übernommen, in anderen fallen diese Arbeiten in den Zuständigkeitsbereich der Kundinnen und Kunden.

In Berlin besuchte ich einen Standort von *Bauerngarten Berlin* im Stadtteil Pankow, gelegen im Botanischen Volkspark Blankenfelde. „Wir pflanzen, Sie ernten", lautet der Leitspruch des Unternehmens, das von dem Ökolandwirt Max von Grafenstein initiiert wurde. [Abb. 38]

Max von Grafenstein: Wir haben derzeit drei Standorte für unsere Bauerngärten in Berlin, einen im Norden, einen im Süden und einen im Westen. Wir schaffen mit unserem Projekt auch für landwirtschaftliche Laiinnen und Laien eine Möglichkeit, sich selbst mit Ökogemüse zu versorgen. Am Anfang jeder Saison bereiten wir den Boden vor, säen aus und pflanzen, um dann die Parzellen an unsere Kundinnen und Kunden zu übergeben, die dann ab dem Frühjahr selber aktiv werden und hacken, jäten und ernten. Wir stehen unseren Kunden natürlich die ganze Saison über mit Rat und Tat zur Seite. Der Einzelne ist aber Herr seines eigenen Gemüses.

Clemens G. Arvay: Wie sind die einzelnen Parzellen der Bauerngärten in Berlin angeordnet?

Max von Grafenstein: Wir legen Gartenkreise mit hoher Kulturpflanzenvielfalt an, die dann geteilt werden wie Tortenecken. Die Parzellen sind zwischen 22 und 45 Quadratmeter groß, je nach Kundenwunsch. Von einer kleinen Parzelle können sich ein bis zwei Menschen mit Gemüse versorgen, von einer großen sind es drei bis vier. Unsere Kunden kaufen im Sommer kaum Frischgemüse zu, sie versorgen sich damit aus ihren Bauerngärtenparzellen.

Clemens G. Arvay: Wie viel kostet eine solche Parzelle?

Max von Grafenstein: Je nach Größe der Parzelle beträgt die jährliche Miete 230 bis 390 Euro. Man kann auf jeden Fall sagen, dass das Gemüse hier aus dem Bauerngarten günstiger ist als gekauftes Gemüse, zumindest wenn man die eigene Arbeitszeit nicht mit einrechnet. Aber unseren Kundinnen und Kunden macht die Gartenarbeit natürlich Freude.

Selbsternteparzellen sind heutzutage weit verbreitet, sodass sie in nahezu jeder großen Stadt in Deutschland, Österreich und der Schweiz zu finden sind und gemietet werden können. In Wien zum Beispiel gilt der Bio-Bauer Rudolf Hascha als Pionier des Konzepts der Selbsterntefelder. Zahlreiche andere Landwirte im Raum Wien sind diesem Vorbild gefolgt.

Urbane Gärten und Gemeinschaftsgärten

In Andernach in Deutschland, einem Städtchen am Rhein, finden sich Gärten, die allen Bürgerinnen und Bürgern gehören. Wo früher nur Zierpflanzen wuchsen, können sich die Menschen in Andernach nun kostenlos an Obst- und Gemüsepflanzen bedienen. Die Stadt bepflanzt öffentliche Grünflächen zunehmend mit essbaren Gewächsen, die sie zur freien Verfügung stellt. Deswegen wird Andernach auch als die „essbare Stadt" bezeichnet, in der das Konzept des urbanen Gärtnerns seit 2010 von der Gartenbauingenieurin Heike Boomgaarden und dem Geoökologen Lutz Kosack ganz offiziell und im Auftrag der Stadtverwaltung umgesetzt wird.

„Die Grundidee war, eine Stadt aufzuwerten und wieder zum *Lebensmittel*punkt zu machen", sagte Heike Boomgaarden, „das heißt Lebensmittel in die Stadt zu bringen in Form von Gemüsepflanzen, Obstbäumen, Beerensträuchern und so weiter, auch mit dem Gedanken, die Stadt schöner und ästhetischer zu machen. Die Gärten durchziehen heute ganz Andernach."

Lutz Kosack: „Wir fordern die Menschen auf: Bedient Euch und nehmt Euch, was in den Gärten wächst, nehmt aber auch die Samen und zieht daraus Jungpflanzen für Eure eigenen Gärten." So lässt sich die Kulturpflanzenvielfalt erhalten und fördern, denn in Andernachs Stadtgärten gedeihen vor allem alte und seltene Sorten von Gemüse und Obst.

„Ich habe hier in den Gärten bunt gestielten Mangold gefunden", freute sich eine Bewohnerin der Stadt gegenüber einem Filmteam des TV-Senders *3sat*[57]. „Dieser Mangold war schöner als jede Rosenpflanze. Ich genieße es, dass man jetzt hier so viel Neues kennenlernen kann."

Aber nicht nur die Bürgerinnen und Bürger, sondern auch die Stadtverwaltung in Andernach profitiert von den essbaren Gärten. Die Pflegemaßnahmen und die Kosten für die Bewirtschaftung der Grünflächen sind zurückgegangen. Die Stadt gibt nur mehr zehn Prozent der jährlichen Summe aus, die zuvor für die Aufrechterhaltung der Zierpflanzenbeete nötig war.

Andere Stadtgärten wiederum werden von den Bürgerinnen und Bürgern selbst initiiert und organisiert. In Berlin beispielsweise wurde der ehemalige Flughafen Tempelhof teilweise zu urbanen Gemeinschaftsgärten umgestaltet, die unter dem Namen „Allmende Kontor" bekannt sind. Wo einst Flugzeuge in den Himmel abhoben, gedeihen nun Tomaten, Paprikas, Auberginen, Kürbis- und Zucchinipflanzen, Salate und Blattgemüse, Beerensträucher und verschiedene Wurzelgemüse zwischen den betonierten, aufgegebenen Landebahnen, auf denen heute lediglich Skateboards und Fahrräder, aber keine Flugzeuge mehr entlang rollen. Aus Mangel an tiefgründigem Gartenboden wurden Hochbeete errichtet sowie große Kisten und alte Einkaufswagen mit Erde befüllt. Jeder Mensch, der dazu Lust verspürt, kann sich auf

57 3sat, Gärten für Alle, Dokumentarfilm

dem Flugfeld Berlin-Tempelhof als Bio-Gärtnerin oder Bio-Gärtner betätigen und sich ein oder auch mehrere Beete anlegen. Es steht mehr als genug Fläche zur Verfügung. Außerdem findet auf dem aufgelassenen Flughafen regelmäßig ein Bio-Bauernmarkt statt.

In München erfreut sich beispielsweise der Gemeinschaftsgarten „o'pflanzt is!" steigender Bekanntheit.

In Wien beschäftigt sich unter anderen die Organisation „Gartenpolylog" mit dem urbanen Gärtnern und initiiert laufend neue Gartenprojekte. Unter www.gartenpolylog.org findet sich nicht nur Information über gärtnerisch genutzte Flächen in und rund um Wien, sondern auch allerlei Wissenswertes über Lebensmittel und ökologisches Gärtnern.

Es ist davon auszugehen, dass in den nächsten Jahren in ganz Europa mehr und mehr städtische Brachflächen und bereits bestehende Grünflächen in nutzbares Gartenland umgewandelt werden, sodass auch Menschen in der Stadt, die über keinen eigenen Garten verfügen, in den Genuss von selbst erzeugtem und frisch geerntetem Gemüse und Obst kommen – sofern sie das möchten.

VII. Auf den Punkt gebracht: Was Sie tun können, um die Macht der Lebensmittelkonzerne zu brechen und sich besser zu ernähren

Um von Industrie und Lebensmittelkonzernen unabhängig zu werden und ökologisch sowie ethisch anspruchsvollere Produktionsmethoden zu unterstützen und aufzubauen, ist also ein Mix von mehreren möglichen Wegen in Betracht zu ziehen, wobei jede Konsumentin und jeder Konsument dem eigenen „Geschmack" folgen kann. Nicht jeder Mensch hat die Möglichkeit oder das Interesse, selbst Lebensmittel zu erzeugen, sei es im eigenen Garten, auf Selbsternteparzellen oder im Rahmen eines gemeinschaftlichen landwirtschaftlichen Projektes, wie zum Beispiel in Gemeinschaftsgärten *(community gardens)* und auf Gemeinschaftsfarmen *(community farms)*.

Schon der Einkauf in einem lokalen Bauern- oder Bioladen oder der regelmäßige Besuch auf einem Bauernmarkt des Vertrauens kann zur deutlich höheren Zufriedenheit mit der eigenen Ernährungssituation führen. Besonders effektiv wäre es, diesen alternativen Markt nicht nur zu unterstützen, sondern sich sogar am Aufbau solcher Strukturen zu beteiligen.

Die Gründung von Einkaufsgenossenschaften (Food-Coops) gemeinsam mit anderen kritischen Konsumenten stellt eine weitere Alternative dar.

Die solidarische Landwirtschaft schließlich ist als die „Königsdisziplin" der Ernährungssouveränität und Konsumentendemokratie zu betrachten und steht all jenen als attraktives Konzept zur Verfügung, die bereit sind, etwas mehr lohnenden Aufwand zu betreiben, um sich in unser Lebensmittelsystem einzumischen und dieses aktiv mitzugestalten.

Die folgende Tabelle fasst die in diesem Buch vorgeschlagenen Lösungsmöglichkeiten in Form eines knappen Überblicks zusammen:

Was Sie tun können, um die Macht der Lebensmittelkonzerne zu brechen und sich besser zu ernähren

nach Bedarf einkaufen

Indem wir ausgewählte Lebensmittel kaufen, die wir wirklich brauchen, wirken wir der Überschussproduktion entgegen. Im Sinne einer gesunden, ethisch vertretbaren Ernährung macht es Sinn, auf Überflussprodukte und unnötige Lebensmittel zu verzichten und das dabei ersparte Geld für qualitativ Hochwertiges auszugeben. Eine Reduktion des Fleischkonsums ist aus tierethischen und ernährungs- sowie sozialpolitischen Gründen zu empfehlen.

möglichst regional und saisonal einkaufen

Regionale Erzeugnisse, die nicht weit transportiert und auch nicht an zentralen Umschlagpunkten weit weg vom Ort der Produktion oder des Konsums sortiert und verpackt wurden, weisen deutlich bessere ökologische Bilanzen auf. Darüber hinaus sollten wir uns wieder mehr mit dem Aspekt der Saisonalität beschäftigen. Jede Jahreszeit bringt ihre kulinarischen Besonderheiten mit sich. Wir sollten uns die Frage stellen, ob wir wirklich zu jeder Zeit im Jahr die volle Auswahl an Obst und Gemüse benötigen, wie wir es derzeit aus Supermärkten gewohnt sind.

Boykott statt Lebensmittelverschwendung

Um der gigantischen Vernichtung von Lebensmitteln aus kosmetischen Gründen entgegenzuwirken, sollten wir gezielt auch nach Produkten verlangen, die den herkömmlichen äußeren Normvorgaben der Industrie widersprechen. An großen Kartoffeln ist nichts auszusetzen, ebenso wenig an krummen Gurken, zweiachsigen Karotten, etwas größer oder kleiner geratenen Brathühnern etc. Drehen wir den Spieß um und zeigen wir den Lebensmittelkonzernen, dass sie uns Konsumenten völlig falsch eingeschätzt haben. Lassen wir die kosmetisch perfekten Erdenfrüchte künftig im Regal liegen und fordern wir lauthals nach dem „Unförmigen"! Fragen wir wieder gezielt nach Produkten von alten Tierrassen, Zweinutzungshühnern und samenfesten, traditionsreichen Kulturpflanzensorten, während wir die plastikverschweißten „Designerprodukte" mit oder ohne Bio-Zeichen im Regal liegen lassen.

am ökologischen Nischenmarkt einkaufen und diesen unterstützen

Der Einkauf im regionalen Bioladen oder Bauernladen des Vertrauens oder auf Wochen- und Bauernmärkten ist eine willkommene Alternative zu sterilen Supermärkten und Industriewaren. Der regionale Nischenmarkt ist zwar in Mitleidenschaft gezogen, jedoch noch nicht verschwunden. Durch unsere Nachfrage können wir ihn wieder stärken und fördern.

sich selbst versorgen

Wer die Lust dazu verspürt, kann im eigenen Garten, auf Selbsternteparzellen sowie im Rahmen von Gemeinschaftsgärten oder Gemeinschaftsfarmen gärtnerisch oder landwirtschaftlich aktiv werden und die volle Verantwortung für die Erzeugung eines Teils der eigenen Lebensmittel übernehmen. Die Freude an der Arbeit in und mit der Natur ist ein angenehmer Nebeneffekt des Weges der Selbstversorgung.

Alternativen aufbauen

Bäuerinnen und Bauern, die sich zu Kollektiven zusammenschließen und eigene Bauernläden ins Leben rufen und beliefern, können auf diese Weise ihren Absatz über die Direktvermarktung maßgeblich fördern – auch im Sinne der Verbraucher. Konsumentinnen und Konsumenten haben die Möglichkeit, Einkaufsgemeinschaften (Food-Coops) und Mitgliederläden zu gründen oder gemeinsam mit Produzenten Wochen- und Bauernmärkte zu organisieren.

solidarisch landwirtschaften

Die solidarische Landwirtschaft ist die „Königsdisziplin" der Ernährungssouveränität und Konsumentendemokratie: siehe Abschnitt „Die solidarische Landwirtschaft" in diesem Buch.

sich informieren und die Information weitergeben

Indem wir Information über die Machenschaften von Industrie und Handel weitergeben und über Alternativen informieren, leisten wir einen wichtigen Beitrag für ein nachhaltiges und ethisch vertretbares Lebensmittelsystem. Diese Informationsweitergabe kann im privaten Rahmen durch Gespräche mit Freunden und Bekannten geschehen. Wir sollten aber auch Vorträge und Veranstaltungen rund ums Thema Lebensmittel organisieren, und Journalistinnen und Journalisten sind aufgefordert, das eiserne Schweigen zu brechen und vermehrt über die Machenschaften von Lebensmittelkonzernen und die Situation der Klein- und Mittelbetriebe zu berichten.

Bleiben Sie auf dem Laufenden!

Unter **www.frissoderstirb.info** finden Sie stets aktuelle und weiterführende Information zu diesem Buch, darunter auch Videos und kurze Dokumentarfilme rund um Lebensmittel und Landwirtschaft. Kritik an der Lebensmittelindustrie ist auf www.frissoderstirb.info ebenso Thema wie Lösungswege und alternative landwirtschaftliche Konzepte. Sehen Sie sich Interviews mit Experten, Wissenschaftlern und Landwirten an und lernen Sie die Gesprächspartnerinnen und Gesprächspartner aus diesem Buch näher kennen. Die Homepage dient als Plattform für alles rund um „Friss oder Stirb – Wie wir den Machthunger der Lebensmittelkonzerne brechen und uns besser ernähren können".
Die Homepage des Autors finden Sie unter: **www.arvay.info**

www.frissoderstirb.info

VIII. Ein Gastbeitrag von Roland Düringer

Roland Düringer ist ein österreichischer Kabarettist und Schauspieler und möchte „ohne Auto, ohne TV, Radio und Printmedien, ohne Mobiltelefon, ohne Supermärkte und Handelsketten, ohne Plastikgeld und letztlich ohne Internet" leben[58]. Seine Lebensmittel bezieht er daher nicht mehr im Supermarkt und auch nicht beim Discounter. Einkaufszentren meidet er ebenfalls. Das Videotagebuch von Roland Düringer, in dem er die Fortschritte seines sukzessiven Ausstiegs dokumentiert, ist unter *www.gueltigestimme.at* abrufbar.

Vor einigen Wochen, nämlich Ende 2012, habe ich für mich eine Entscheidung und Wahl getroffen: Ich beziehe meine Lebensmittel, die wunderbaren Dinge, die mir Leben vermitteln sollten, nicht mehr von Nahrungsmittelketten, sondern versuche, dem Produzenten und damit dem Acker näher zu kommen und eine verloren gegangene Beziehung wieder aufzubauen. Das ist freilich nicht bequemer, aber wertvoller. Und ich erfahre wieder Dankbarkeit für gutes Essen und Respekt vor unseren Bauern. Damit meine ich den Bauern im eigentlichen Sinn und nicht den „Nahrungsmittel-, Milch- oder Fleischproduzenten".

Gemüse und Obst baue ich selbst an und stehe damit in Verbindung mit dem Boden und dem Kosmos.

58 Quelle: www.gueltigestimme.at, Homepage von Roland Düringer, Stand: Februar 2013

Supermärkte trennen uns von der Welt, wie sie ist, und schaffen eine eigentümliche Wirklichkeit: *Das Schlaraffenland.* Die ständige Verfügbarkeit der Dinge, die wir wollen, aber nicht immer brauchen. Man gaukelt uns paradiesische Zustände vor. Erst wenn wir ent-*täuscht* werden, die Täuschung also vorbei ist, dann ist unser Blick wieder für das Wesentliche geschärft. Je rascher wir uns selbst ent-*täuschen* und damit Eigenverantwortung für unseren Körper und Geist übernehmen, desto rascher werden sich die äußeren Bedingungen, in denen unsere Kinder aufwachsen und gedeihen, ändern.

Alles, was wir nicht nachfragen, wird eines Tages aus den Regalen der Märkte verschwinden und nicht mehr produziert werden.

„Bei dir ist alles super, aber ich habe alles, was ich brauche ...“, heißt es in einem Lied des Wiener Musikers Ostbahn-Kurti. Ja, und im Supermarkt ist, wie der Name schon sagt, sicher auch alles super, aber wir haben eben schon alles, was wir brauchen.

Roland Düringer

IX. „Danke!“

Als ich im Sommer 2012 den hinteren Teil meines Wagens zu einer Schlafkoje mit einer notdürftig zurechtgeschnittenen Matratze umgestaltete und die wochenlangen Recherchen für dieses Buch antrat, wusste ich noch nicht, wie selten ich diesen improvisierten und nur mäßig komfortablen Schlafplatz benötigen würde. Während elf Wochen Reise ohne Unterlass musste ich nur wenige Male tatsächlich im Wagen schlafen, und nachdem der Herbst in Norddeutschland hereingebrochen war, waren durchaus auch ein paar ungemütliche, kalte und feuchte Nächte dabei, die mir das eine oder andere frühmorgendliche Erwachen in körperlich durchgefrorenem Zustand bescherten. Dann wieder waren meine „Outdoor-Nächte“ in England und Wales sogar noch im November mild und angenehm. Daher gebührt meine erste „Danksagung“ dem unermüdlichen Golfstrom und seinen warmen Wassern, welche die Britischen Inseln von Südwesten her sanft umspülen. Möge er für lange Zeit dem Klimawandel trotzen, stabil bleiben und die Briten nicht im Stich lassen.

Den überwiegenden Teil meiner Nächte verbrachte ich aber in „echten“ Betten oder auf Sofas, die mir in Deutschland, Österreich, England, Wales und in der Schweiz angeboten wurden: Ein herzliches Dankeschön an alle Bäuerinnen und Bauern, deren Gastfreundschaft mir zuteil wurde, sowie an die Beteiligten der verschiedenen landwirtschaftlichen Projekte, die ich besuchte und wo man mir, wann immer es möglich war, einen warmen Schlafplatz organisierte.

Dank auch an den Kabarettisten Roland Düringer für seinen Gastbeitrag mit persönlicher Note sowie an den Dokumentar-

filmer Wilfried Huismann und den Buchautor Dr. Wolf-Dieter Storl in Deutschland für ihre gastfreundliche Offenheit, die bequeme Unterkunft und die anregenden Gespräche. Die Interviews mit den beiden finden sich in filmischer Form unter:
www.frissoderstirb.info

Ein herzliches Dankeschön ergeht an die Bewohnerinnen und Bewohner des Ökodorfs *Brithdir Mawr* in Wales, Großbritannien, die viel Interessantes über Lebensmittel und Landwirtschaft sowie über ihre Erfahrungen mit der Selbstversorgung zu sagen hatten. Während meiner Recherchen in Wales war ich dort in einem komfortablen Zimmer in einem alten walisischen Bauernhaus des Ökodorfs untergebracht und wurde mit erstklassigen Lebensmitteln aus eigener, wahrlich ökologischer Produktion bewirtet. Anerkennung und Dank von Herzen gebührt dem deutschen Journalisten und Sachbuchautor Stefan Kreutzberger für die Beisteuerung seines kompetenten und wertvollen Vorworts, das dieses Buch bereichert.

Dankeschön an das Team des Ecowin-Verlags in Salzburg (Österreich) für die großartige Zusammenarbeit sowie an den Verlagslektor Dr. Arnold Klaffenböck für die germanistische Prüfung meines Manuskripts.

Dieses Buch wurde in rechtlichen Fragen dankenswerterweise von Dr. Gerald Ganzger und Mag. Katharina Raabe-Stuppnig (LANSKY, GANZGER + partner) beraten.

Ich danke all meinen Gesprächspartnerinnen und Gesprächspartnern, die in diesem Buch zu Wort kamen. Interviews und Begegnungen während meiner Reise, die ich filmisch oder schriftlich dokumentierte, die aber in diesem Werk aus Gründen des begrenzten Umfanges des Mediums *Buch* keinen Platz mehr fanden, werde ich nach und nach auf **www.frissoderstirb.info** veröffentlichen.

Was wäre ein Buch wie dieses, wenn es nicht gelesen würde? Der allergrößte Dank gebührt Ihnen, liebe Leserin und lieber Leser, dafür, dass Sie „Friss oder stirb – Wie wir den Machthunger der Lebensmittelkonzerne brechen und uns besser ernähren können“ in die Hände genommen und bis hierher gelesen haben. Ich hoffe, es war viel Interessantes für Sie dabei und Sie konnten ausreichend Inspiration für die Gestaltung Ihres Lebensmitteleinkaufes gewinnen.

Landwirtschaft geht uns alle an und wir bestimmen über unsere Lebensmittel! Mischen wir uns ein!

Clemens G. Arvay
www.arvay.info

X. Bücher, die zum Thema passen

Arvay Clemens G., Der große Bio-Schmäh – Wie uns die Lebensmittelkonzerne an der Nase herumführen, Verlag Carl Ueberreuter, Wien/Berlin, 2012

Arvay Clemens G., Fruchtgemüse – Alte Sorten und außergewöhnliche Arten neu entdeckt, Leopold Stocker Verlag, Graz, 2011

Bode Thilo, Die Essensfälscher – Was uns die Lebensmittelkonzerne auf die Teller lügen, Fischer Verlag, Frankfurt am Main, 2012

Choplin Gérard, Strickner Alexandra, Trouvé Aurélie, Ernährungssouveränität – Für eine andere Agrar- und Lebensmittelpolitik in Europa, Mandelbaum Verlag, Wien, 2011

Huismann Wilfried, Schwarzbuch WWF – dunkle Geschäfte im Zeichen des Panda, Gütersloher Verlag, München, 2012

Kreutzberger Stefan, Die Öko-Lüge – Wie Sie den grünen Etikettenschwindel durchschauen, Econ Verlag, Berlin, 2009

Kreutzberger Stefan, Thurn Valentin, Die Essensvernichter – Warum die Hälfte aller Lebensmittel im Müll landet und wer dafür verantwortlich ist, Verlag Kiepenheuer & Witsch, Köln, 2012

Rickelmann Richard, Tödliche Ernte – Wie uns das Agrar- und Lebensmittelkartell vergiftet, Econ Verlag, Berlin, 2012

Weiss Hans, Schwarzbuch Landwirtschaft – Die Machenschaften der Agrarpolitik, Deuticke Verlag, Wien/München, 2010

Umschlaggestaltung:
kratkys.net

PHILOSOPHIE UND LEIDENSCHAFT

Ecowin wurde 2003 als unabhängiger Verlag gegründet.

Wir konzentrieren uns auf spannende Autoren, die zu spannenden Themen und Entwicklungen unserer Welt einen Beitrag leisten.

Die Vielfalt der Meinungen sowie der Diskurs unter den Autoren und innerhalb des Verlags sind uns viel wichtiger als das Vertreten nur einer Denkweise.

Wir investieren in langfristige Beziehungen mit unseren Autoren, Herstellern und Buchhändlern.

Bis heute haben wir weder Verlagsförderung beantragt noch erhalten.

Als österreichischer Verlag produzieren wir von Beginn an ausschließlich umweltfreundlich* in Österreich.

Nichts ist für uns spannender als das nächste neue Buch.

HANNES STEINER
VERLEGER

H. Steiner

ClimatePartner°
klimaneutral

Druck | ID: 10944-1302-1009

* Wir freuen uns, dass die Druckerei Theiss unsere Bücher nach den Richtlinien des österreichischen Umweltzeichens herstellt. Sowohl die Materialien als auch die Produktion entsprechen dem hohen österreichischen Umweltstandard. Mit dem Buch, das Sie in Händen halten, leisten wir einen aktiven Beitrag zum CO_2-Ausgleich. Durch Eingabe der ID-Nummer auf www.climatepartner.com können Sie sich über das von uns unterstützte Projekt informieren.